固体和危险废弃物管理
Solid and Hazardous Waste Management

［印］M. N. 拉奥(M. N. Rao)
［印］拉其亚·苏丹娜(Razia Sultana) 【编著】
［印］斯里·哈撒·克塔(Sri Harsha Kota)

天津开发区(南港工业区)管委会 【译】

著作权合同登记　　图字 01-2019-5505

Solid and Hazardous Waste Management: Science and Engineering (1st edition) by Razia Sultana, M. N. Rao, Sri Harsha Kota; ISBN: 9780128097342. Copyright©2017 Elsevier Inc. All rights reserved. Authorized Chinese translation published by China Petrochemical Press Co. Ltd.

固体和危险废弃物管理[天津开发区(南港工业区)管委会译; ISBN: 978-7-5114-5576-5] Copyright©Elsevier Inc. and China Petrochemical Press Co. Ltd. All rights reserved.

中文版权为中国石化出版社所有。版权所有,不得翻印。

图书在版编目(CIP)数据

固体和危险废弃物管理/(印)M.N.拉奥(M.N.Rao),(印)拉其亚·苏丹娜(Razia Sultana),(印)斯里·哈撒·克塔(Sri Harsha Kota)编著;天津开发区(南港工业区)管委会译.——北京:中国石化出版社,2019.11
ISBN 978-7-5114-5576-5

Ⅰ.①固… Ⅱ.①M…②拉…③斯…④天… Ⅲ.①固体废物管理②危险废弃物-环境管理 Ⅳ.①X32

中国版本图书馆 CIP 数据核字(2019)第 253736 号

未经本社书面授权,本书任何部分不得被复制、抄袭,或者以任何形式或任何方式传播。版权所有,侵权必究。

中国石化出版社出版发行
地址:北京市东城区安定门外大街 58 号
邮编:100011　电话:(010)57512500
发行部电话:(010)57512575
http://www.sinopec-press.com
E-mail:press@sinopec.com
北京柏力行彩印有限公司印刷
全国各地新华书店经销

*

710×1000 毫米 16 开本 13.5 印张 236 千字
2019 年 11 月第 1 版　2019 年 11 月第 1 次印刷
定价:85.00 元

No part of this publication may be reproduced or transmitted in any form or by any means, electronic or mechanical, including photocopying, recording, or any information storage and retrieval system, without permission in writing from Elsevier (Singapore) Pte Ltd. Details on how to seek permission, further information about the Elsevier's permissions policies and arrangements with organizations such as the Copyright Clearance Center and the Copyright Licensing Agency, can be found at our website: www.elsevier.com/permissions.

This book and the individual contributions contained in it are protected under copyright by ElsevierInc. and China Petrochemical Press Co. Ltd. (other than as may be noted herein).

This edition of Solid and Hazardous Waste Management: Science and Engineering is published by China Petrochemical Press Co. Ltd. under arrangement with ELSEVIER INC.

This edition is authorized for sale in China only, excluding Hong Kong, Macau and Taiwan. Unauthorized export of this edition is a violation of the Copyright Act. Violation of this Law is subject to Civil and Criminal Penalties.

本版由 ELSEVIER INC 授权中国石化出版社在中国大陆地区(不包括香港、澳门以及台湾地区)出版发行。

本版仅限在中国大陆地区(不包括香港、澳门以及台湾地区)出版及标价销售。未经许可之出口,视为违反著作权法,将受民事及刑事法律之制裁。

本书封底贴有 Elsevier 防伪标签,无标签者不得销售。

注　意

本书涉及领域的知识和实践标准在不断变化。新的研究和经验拓展我们的理解,因此须对研究方法、专业实践或医疗方法作出调整。从业者和研究人员必须始终依靠自身经验和知识来评估和使用本书中提到的所有信息、方法、化合物或本书中描述的实验。在使用这些信息或方法时,他们应注意自身和他人的安全,包括注意他们负有专业责任的当事人的安全。在法律允许的最大范围内,爱思唯尔、译文的原文作者、原文编辑及原文内容提供者均不对因产品责任、疏忽或其他人身或财产伤害及/或损失承担责任,亦不对由于使用或操作文中提到的方法、产品、说明或思想而导致的人身或财产伤害及/或损失承担责任。

译者序

目前，在我们国家，作为区域经济发展新焦点的工业园区，如雨后春笋般在全国各地兴建起来。今后，我国工业园区建设还将继续呈现良好的发展势头。由于起步较晚，我国在工业园区的建设和管理方面经验不足。发达国家在这方面已积累了十分丰富的经验和教训，他山之石可以攻玉，这些对于我国正处于高速发展中的化工园区建设和管理，具有重要的借鉴作用。通过学习和借鉴这些方法和经验，提高我们的认识，优化我们的管理水平，有助于把我们的化工园区建设成加工体系匹配、产业联系紧密、原料直供、物流成熟完善、公用工程专用、管控可靠、安全环境污染统一治理、管理统一规范、资源高效利用的产业聚集地。

为进一步拓宽国内化工园区的视野，加深对国外化工园区先进管理理念、经验和方法的理解，提高国内化工园区在产业集群维度上的安全、环保管理水平，我们已先后翻译、出版了《地方经济发展与环境：寻找共同点》《商业竞争环境下的安全管理》《石油和化工企业危险区域分类：降低风险指南》《石油、天然气和化工厂污染控制》《化学和制造业多工厂安全管理》《石油和天然气工业对大气环境的影响》《化工装置的本质安全——通过绿色化学减少事故发生和降低恐怖袭击的威胁》《化学反应性危害的管理实践》《化学工程——非化工专业读本》等9部国外著作，并得到业界读者的好评。2019年，针对国内化工园区建设和发展的实际需要，我们再次精选并翻译了《固体和危险废弃物管理》和《过程工业的能源管理与效率》两部著作，作为国内化工园区安全管理的参考资料。

《固体和危险废弃物管理》一书采用深入浅出的方式介绍了化工园区工业废弃物、市政废弃物、危险废弃物和电子废弃物等管理基本原理，以及高效处理、储存和安全处置所采用的技术。此外，还介绍了土壤修复技术、废弃物最小化和环境影响评估等方面内容。

《过程工业的能源管理与效率》一书详细介绍了化工园区内石油化工等过程工业的能耗基准评价、能源管理标准、工业能效技术、加热炉和锅炉的能效、换热器结垢监测和清理分析、管理蒸汽泄漏等，并给出了业内知名公司的经典案例。

参与书稿翻译、审阅工作的还有张文杰、刘春生等同志，中国石化出版社对著作的出版给予了大力支持，在此一并致谢。

鉴于水平有限，书中难免存在谬误和不足，敬请读者批评指正。

本书编译组

2019年9月

前　言

本书介绍了固体和危险废弃物管理的基本原理，以及高效处理、储存和安全处置固体和危险废弃物所需采用的技术。采用这些技术，可使市政垃圾、废旧塑料、生物医学废弃物、工业废弃物、危险废弃物和电子废弃物得到妥善的处理。此外，本书还介绍了土壤修复技术、废弃物最小化和环境影响评估等内容。

最后一章讨论了影响垃圾填埋气体产生的因素，描述了在现场和实验室中垃圾填埋气主要成分——甲烷的产生机理，介绍了不同国家用于估算甲烷排放量的模型。

废弃物管理是一项重要的任务，它对公共健康、人们的生活质量、城市环境的可持续性和城市经济生产力有着重要的影响。近年来，许多促进社会发展的机构和组织不断研究如何更新固体废弃物的转运、回收和处置系统，并呼吁人们给予固废处理越来越多的关注。凭借其广泛的组织影响和与其他部门的紧密联系，城市固体废物管理（MSWM）正成综合城市管理保障的重要切入点。生物医学废弃物、危险废弃物、工业固体废弃物、塑料废弃物和电子废弃物也带来了收集、运输、处理和处置等诸多方面的问题。

本书旨在满足民用和化工行业对于固体和危险废弃物管理和技术的了解需求。环境工程、环境经济学等相关专业的高等院校学生也可将本书作为教科书。

目　录

第1章　概述 …………………………………………………………（ 1 ）
第2章　城市固体废弃物 ……………………………………………（ 2 ）
　2.1　城市固体废弃物介绍 …………………………………………（ 2 ）
　2.2　城市固体废弃物的组织和管理 ………………………………（ 3 ）
　2.3　城市固体废弃物数量和特征 …………………………………（ 20 ）
　2.4　城市固体废弃物管理的演变 …………………………………（ 26 ）
　2.5　城市固体废弃物管理技术 ……………………………………（ 27 ）
　2.6　城市固体废弃物的再生、再利用和能源回收 ………………（ 63 ）
　2.7　资源回收的社会经济因素 ……………………………………（ 68 ）
　2.8　案例研究 ………………………………………………………（ 77 ）
　2.9　法律规定 ………………………………………………………（ 79 ）
第3章　塑料废弃物 …………………………………………………（ 80 ）
　3.1　塑料废弃物介绍 ………………………………………………（ 80 ）
　3.2　塑料的特性 ……………………………………………………（ 80 ）
　3.3　塑料废弃物管理技术 …………………………………………（ 81 ）
　3.4　法律规定 ………………………………………………………（ 83 ）
第4章　生物医学废弃物 ……………………………………………（ 84 ）
　4.1　生物医学废弃物介绍 …………………………………………（ 84 ）
　4.2　生物医疗废弃物管理的变革 …………………………………（ 85 ）
　4.3　生物医学废弃物的组织和管理 ………………………………（ 86 ）
　4.4　生物医学废弃物的特性 ………………………………………（ 86 ）
　4.5　生物医疗废弃物分类 …………………………………………（ 87 ）
　4.6　生物医学废弃物的量化 ………………………………………（ 88 ）
　4.7　生物医学废弃物的分离、处理和储存 ………………………（ 90 ）
　4.8　生物医疗废弃物的处理、销毁、处置 ………………………（ 93 ）

 4.9 生物医学废弃物管理技术 …………………………………………（95）
 4.10 生物医学废弃物管理所需的工具和设备 ………………………（97）
 4.11 案例研究 ……………………………………………………………（97）
 4.12 法律规定 …………………………………………………………（103）

第5章 危险废弃物 …………………………………………………………（104）
 5.1 危险废弃物简介 …………………………………………………（104）
 5.2 危险废弃物的管理 ………………………………………………（105）
 5.3 危险废弃物的特性 ………………………………………………（105）
 5.4 危险废弃物的储存、运输 ………………………………………（111）
 5.5 危险废弃物处理技术 ……………………………………………（114）
 5.6 危险废弃物的处置 ………………………………………………（133）
 5.7 处理、储存和处置设施的监测方案 ……………………………（138）
 5.8 法律规定 …………………………………………………………（139）

第6章 电子废弃物 …………………………………………………………（140）
 6.1 引言 ………………………………………………………………（140）
 6.2 电子产品平均寿命/平均寿命周期/报废率 ……………………（142）
 6.3 电子废弃物分类 …………………………………………………（142）
 6.4 电子废弃物类别 …………………………………………………（142）
 6.5 电子废弃物的组成和特点 ………………………………………（144）
 6.6 电子废弃物产生量 ………………………………………………（149）
 6.7 电子废弃物的组织与管理 ………………………………………（150）
 6.8 电子废弃物管理的发展历程 ……………………………………（150）
 6.9 电子废弃物管理技术 ……………………………………………（151）
 6.10 案例研究 …………………………………………………………（155）
 6.11 法律规定 …………………………………………………………（157）

第7章 土壤修复技术 ………………………………………………………（158）
 7.1 引言 ………………………………………………………………（158）
 7.2 采样技术 …………………………………………………………（158）
 7.3 土壤净化技术 ……………………………………………………（160）
 7.4 现场修复技术 ……………………………………………………（160）

第8章 废弃物最小化 ………………………………………………………（171）
 8.1 引言 ………………………………………………………………（171）
 8.2 城市固体废弃物最小化 …………………………………………（172）

8.3 工业固体废弃物最小化 …………………………………………（172）
第9章 环境影响评价 ………………………………………………（180）
  9.1 引言 ………………………………………………………………（180）
  9.3 环境影响评价方法 ………………………………………………（185）
  9.4 环境管理计划 ……………………………………………………（192）
  9.5 公众咨询和评估 …………………………………………………（193）
第10章 垃圾填埋气体 ……………………………………………（198）
  10.1 温室气体和气候变化 …………………………………………（198）
  10.2 产生堆填气体 …………………………………………………（198）
  10.3 垃圾填埋场甲烷估算的现场和实验室技术 …………………（200）
  10.4 用于估计垃圾填埋场甲烷排放的模型 ………………………（202）
参考文献 ………………………………………………………………（205）

第1章 概述

对于发展中国家，与固体废弃物和含硫危险废弃物相关的问题是多样和复杂的。与固体废弃物管理有关的问题，诸如快速发展、城镇化、人口增长等，已在很大程度上发生了很大变化。固体废弃物管理涉及如下五方面问题：

① 对固体废弃物的来源和性质进行确认和分类；
② 固体废弃物的分离、储存和收集；
③ 固体废弃物运输；
④ 固体废弃物处理(包括回收资源)；
⑤ 固体废弃物的最终处置。

直到最近，处置仍是处理这些废弃物的唯一技术和经济选择。由于不实用、不经济、技术单一，或作为生产原料的质量较差等原因，资源回收和回用技术未被人们考虑。然而，由于目前的废弃物管理技术不足以防止环境污染，现在必须考虑将回收作为处置的有力替代方案。预防环境污染技术的开发是确保环境保护和相关立法的关键。环境政策包括使用清洁技术或最佳技术的意愿。劳动者的技能和能力必须得到充分的更新，并与所使用的技术保持足够的匹配。

必须根据环境绩效(计划的和实际的)和技术变化来设计目标和指标。操作控制和不合规管理需要采用技术手段进行定期评估和审查。审核过程和审核的团队应与组织的技术开发相对应，提出若干环境技术，涉及下列问题：城市固体垃圾、塑料垃圾、生物医学垃圾、危险废弃物、电子垃圾。

废弃物管理是世界上最重要的环境问题之一。有各种不同的技术可以应用于管理人类活动产生的废弃物。解决废弃物累积问题最好的选择，始终在于减少废弃物的产生、再利用和最后的回收再利用。最近的进展是进行恢复，有时是必要的预处理和处置废弃物。

管理废弃物的技术有三种：体积减少技术(机械、物理和化学)；废弃物处理和处置技术(生物降解、凝固、稳定、消毒、销毁、拆除等)；废弃物的最终处理。

下面几章将介绍量化、表征和分类技术，以及如何管理上述废弃物处理技术。

第 2 章 城市固体废弃物

2.1 城市固体废弃物介绍

城市固体废弃物包括在市政或指定区域以固体或半固体形式产生的商业和住宅废弃物，不包括工业危险废物，但包括经过处理的医疗废物。

不同城市产生的城市固体废弃物数量各不相同，约为人均 0.3~0.6kg/d。据估计，印度每年有可能从城市垃圾中生产 8Mt 农业肥料。目前，只有不到 25% 具有可开发潜力。采用堆肥处理城市垃圾是一种实用的解决办法，因为这不仅解决了卫生问题，而且为农业提供了土壤改良剂，生产出氮、磷和钾化肥。采用半机械处理方式且堆肥在料堆中进行，更适合印度的条件。在印度不同的城市有几个堆肥厂，例如海德拉巴、德里、孟买、艾哈迈达巴德、昌迪加尔等。印度正在对从固体废弃物中回收能量进行大量研究。垃圾处理费用通常超过城市市政预算的 20%。因此，迫切需要降低这些成本，同时将服务水平扩展到整个城市区域。这可以通过资源回收和再利用集成系统来实现，并对现有的垃圾处理和再循环利用模式进行扩展和优化。全面采用西方的技术解决印度问题有许多障碍：

① 发展中国家产生的废弃物往往热值很低，有机易腐烂物质的含量和水分高，以及易受季节变化的影响。

② 在热带地区有突然的气候变化，在规划固体废弃物管理计划时必须加以考虑。

③ 城市固体废弃物处置成本通常超过市政预算的 20%。劳动力和能源成本占据了主要的运营成本。超过 1% 的全国劳动力可能从事这一行业。在这些服务中，最高可能占印度全国国民生产总值的 1%。因此，固体废弃物管理作为一项"昂贵"的服务，其系统必须符合财务负担能力。

④ 固体废弃物管理统筹成本由四个主要要素组成：资本支出和运输设施；石油或电力形式的运营成本；建筑资本支出；劳动力运营费用。前两项成本由是由工业化国家的制造成本和石油价格决定。它们对金融的影响非常严重。

总之，理想的解决方案是最大限度地通过回收和再利用的方式减少废弃物的产生。可以考虑以下四种解决方案：如果垃圾包含有价值的可重复使用材料，则以基本形式进行回收；作为创造就业机会的程序重复使用；产生有价值的垃圾堆肥或其他产品；通过使用适当的技术降低成本。

2.2 城市固体废弃物的组织和管理

2.2.1 城市固体废弃物管理（MSWM）系统定义和目标

城市固体废弃物包括来自家庭的垃圾，来自工业、商业和公共机构（包括医院）的无害固体废弃物，市场庭院废弃物和街道清扫废弃物。污泥和粪便等半固体废弃物被认为是液体废弃物管理系统的范畴。根据定义，危险的工业和医疗废弃物不是城市固体废弃物，通常很难独立于城市固体废弃物进行处理，特别是当它们的来源很小并且分散时。因此，城市固体废弃物管理（MSWM）系统应包括防止有害物质进入废弃物流的特别措施。当无法确保的情况下，也要减轻它们进入废弃物流时所产生严重后果。

最后，建筑和拆除产生的碎片构成了"难处理"的废弃物，这也需要有单独的管理程序。管理是一个设定目标、建立长期计划和规划、预算编制、实施、运营维护、监控和评估、成本控制，以及目标和计划的修订等的循环过程。城市基础设施管理服务是市政府的基本职责。通常，与私营企业（私有化）或与服务使用者（参与者）合作一起提供服务是有利的，但最后的责任仍然是由政府承担。MSWM 是指固体废弃物的收集、转运、处理、回收、资源化回收和处置。MSWM 的目标是：保护环境健康，提升环境质量，提高经济效率和生产率，以及创造就业和收入。

为了实现上述目标，有必要建立可持续的固体废弃物管理体系，以满足整个城市人口的需求，包括穷人。可持续性的基本条件意味着废弃物管理系统必须根据社会和当地社区情况进行设计和运行。换句话说，这些系统要适合特定城市和地方的特定环境和问题，发展要考虑所有利益相关方。利益相关方包括需要服务的家庭和社区、私营企业和工人（正式和非正式），以及地方、区域和国家各级的政府机构。废弃物管理应从材料使用的整个周期角度来处理废弃物，包括生产、分销和消费，以及废弃物收集和处置。虽然必须立即优先考虑有效的收集和处置废弃物，但是应将废弃物回收和循环再利用做为同等重要的长期目标。

可持续废弃物管理战略的原则是：尽量减少废弃物产生，最大限度地回收和再利用废弃物，确保废弃物的安全和无害环境处置。

固体废弃物管理目标不能通过孤立的或单个部门方法实现。可持续废弃物管理取决于管理的整体有效性和效率，以及市政当局权利的大小。在城市管理的整体框架内，MSWN 的范围包括详细的规划和管理，其中包括战略规划法律监督框架、金融管理(成本、回收、预算、会计)、制度安排(包括私营部门参与)和处置设施地点。应了解废弃物的产生和特征、关于其产生和组成的来源等。废弃物处理是一个关于收集、转运、处理和处置的功能，还包括处理特殊废弃物，如医疗废弃物和小型工业废弃物等。

因此，改善管理服务质量的实际战略将包括这些领域的具体目标和措施。参与者和合作伙伴是广泛关注的个人、团体和组织。他们将 MSWM 作为服务用户、服务提供商、中介和/或规范者来关注。下面简要描述了这些行为参与者的利益、议题和角色。

2.2.2 MSWM 的参与者和合作伙伴

2.2.1.1 家庭、社区和其他服务用户

居民主要对以合理的低价获得有效可靠的垃圾处理服务感兴趣。垃圾处置通常不是服务用户的优先需求，只要他们自己的生活环境质量不受垃圾场的影响就可以。只有有知识和觉悟的公民才会关心不污染环境的废弃物处理这一更广阔的目标。在大多数服务不能令人满意的低收入住宅区，居民通常优先考虑供水、供电、道路、排水和卫生服务。固体废弃物通常被倾倒在附近的露天场地，沿着主干道或铁路轨道，或者排水沟和下水道。随着其他服务的提供和人们环保意识的提高，关于改善固体废弃物、不良废弃物收集服务，减少对环境和健康的影响的压力也随之增加。服务差的地区的居民往往形成以社区为基础的组织，以改善当地环境条件，改善服务，他们或者也请求政府改善服务。以社区为基础的组织可能出现在中、高收入社区，也可能出现在低收入地区，他们可能成为政府在当地废弃物管理中的宝贵合作伙伴。当社区团体组织充分时，他们在管理和资助当地收集服务，以及运作废弃物回收和堆肥等方面有相当大的潜力。

2.2.1.2 小型和大型企事业单位、商业机构和其他服务用户

他们同样对可靠和负担得起的废弃物收集服务感兴趣。商业机构尤其注意避免与废弃物相关的污染，因为这将影响到它们的顾客。工业企业可能对减少废弃物产生有浓厚的兴趣，并可能在管理废弃物回收方面发挥积极作用，它们可以与政府管理当局和/或专业私营企业合作收集、处理和处置废弃物。

2.2.1.3 非政府组织(NGO)

非政府组织在私人领域和政府领域之间运作。它们主要是在社区的外部工

作，非政府组织的动机主要是出于人道主义和/或发展考虑，而不是出于为它们自己的成员改善服务。自我创造的充分就业机会也可能是非政府组织成立的动机。非政府组织可以帮助提高人们或社区团体的能力，以便通过以下方式在当地固体废弃物管理中发挥积极作用：人们对废弃物管理问题的认识；基于社区形成组织并提高组织的规模；社区组织和政府当局之间的沟通渠道；社区组织在城市规划中的发言权；当地活跃的社区组织的技术知识；获得信贷服务。

非政府组织也可以为非正规部门的工人和企业的废弃物处理提供重要支持，帮助他们组织起来，改善他们的工作条件和设施状况，增加他们的收入，并扩大他们获得基本的社会服务的机会，如医疗保健和儿童教育。

2.2.1.4 地方政府

地方政府一般负责提供固体废弃物收集和处置服务。一旦废弃物被收集或用于收集，它们就成为废弃物的合法所有者。废弃物管理的责任通常在细则和条例中规定，更普遍地说，可能来自关于环境健康和保护的政策目标。除了它们普遍的法律义务之外，这些国家的政府通常受政治利益的驱使。从地方政府的角度来看，用户对所提供服务的满意度、上级政府的批准以及运营财务的可行性，都是很重要的衡量当地政府成功管理固体废弃物的标准。

执行规章制度和调动固体废弃物资源的权力，原则上是由上级政府当局授予地方政府的。当地方政府的财政收入增长权限与其提供服务的责任不相称时，往往会出现问题。除了固体废弃物管理，市政府也负责提供所有范围的基础设施和社会服务。因此，必须在所有部门和服务的需求和相对优先事项范围内，权衡和处理对多边市场机制的新需求和要求。为履行固体废弃物管理职责，市政管理项目通常建立专门的技术机构，也授权私营承包企业提供废弃物管理服务。在这种情况下，地方当局仍然负责监管并控制这些企业的活动和绩效。

有效的固体废弃物管理取决于民众以外的合作，地方政府应该采取措施加强公众对于 MSWM 的重要性的认识，不断产生环境保护的支持者，并促进用户和社区团体积极参与当地废弃物管理。

2.2.1.5 中央政府

中央政府负责建立 MSWM 的制度和法律框架，并确保地方政府拥有有效管理固体废弃物的必要权力、权利和能力。这一责任的下放，没有为地方政府的管理能力建设提供足够的支持。为了协助地方政府履行其 MSWM 职责，国家政府需要在行政、财务管理、技术系统和环境保护等方面进行干预。此外，解决跨辖区问题，通常需要中央政府干预地方政府机构之间的协调，并建立适当的协作形式。

2.2.1.6 作为服务提供者的私营部门企业

正规私营部门包括范围广泛的企业类型，从非正规微型企业到大型商业机构。作为潜在的服务供应商，私营企业主要关心的是通过对废弃物收集、转运、处理、回收和/或处置服务进行投资，以获取利润回报。它们以各种形式参与固体和危险废弃物管理，提供资本、管理和组织能力、劳动力和/或技术技能。由于其利润导向，与公共部门相比，私营企业在适当的条件下可以提供更有效、更低成本的 MSWM 服务。然而，私营部门的参与本身并不能保证更低的成本和效果。当私有化失败时，问题就出现了，尤其是当缺少有竞争力的供应商的时候。私营部门废弃物收集者可以直接与个体家庭、邻里协会或商业机构签订合约。更常见的是，它们根据与市政当局的合同协议运作。在这种情况下，市政当局通常保留收取用户费用的责任。这种安排确保了更公平的服务获取。当私营企业依赖直接收取用户费用时，它们几乎没有动力在收入潜力薄弱的低收入地区提供服务。

2.2.1.7 作为服务提供者的非正规私营部门

包括由个人、家庭、团体或小企业在内的非正规私营部门开展未经注册、不受监管的活动，其基本动机是自组织创收。由于贫困和缺乏更有吸引力的就业机会，从事垃圾收集工作的非正式的垃圾工人往往被迫从事废弃物收集或者拾荒者的工作。在某些情况下，社会歧视是迫使非正式工人在完全不卫生的环境下工作的一个因素。作为废弃物收集者或"清扫者"，非正式的垃圾工人通常在极其危险的条件下生活和工作。清理垃圾需要很长的工作时间，并且经常与无家可归联系在一起。除了社会边缘化之外，非正式工人及其家庭还面临经济不安全、健康危险、无法获得正常的社会服务（如医保和子女学校教育等），以及没有任何形式的社会保障。

非正式工人所从事的废弃物收集、转运、分离、回收和/或处置活动，构成了具有经济价值的服务。非正式组织的团体，在某些情况下，直接受雇于家庭和/或社区团体。然而，总体来说，非正式工人的经济边缘化和不稳定的社会、经济环境，很难将他们的贡献整合到 MSWM 系统中。作为一个重要的步骤，非正式工人需要组织和技术支持，以改善他们的社会环境和不可接受的社会经济状况。通过成立合作社或微型企业，往往有可能大幅提高非正式工人的工作稳定性和收入。

2.2.1.8 外部支持机构

许多外部支持机构参与低收入国家的 MSWM 建设和运营。虽然一些外部支持机构在废弃物管理领域获得了相当多的专门知识，但仍需进一步改善活跃在无国界组织领域内的外部支持机构之间的合作。由于缺乏外部支持机构在技术和发展方面具有贡献这一共识，发展中国家的许多城市都被不兼容和效率低下所困扰，充斥着无效的 MSWM 设施和设备。适当的协调将提高外部支持机构在国家和区域一级的工作效果。

2.2.3 影响 MSWM 系统有效性和可持续性的背景层面

MSWM 系统的有效性和可持续性取决于它们对于所服务的城市和/或国家的普遍环境，例如政治、社会文化、经济和环境等方面的背景。

2.3.1.1 政治背景

MSWM 受到政治上的影响是多方面的：地方政府与中央政府之间的现有关系(例如权力下放的有效程度)，公民参与公共决策过程的形式和程度，以及政党政治在地方政府行政管理中的作用。这些因素都影响 MSWM 管理方式和系统类型。

2.3.1.2 社会文化背景

MSWM 系统的功能受到废弃物处理模式和人们的基本态度的影响，而这些因素本身受人们的社会和文化背景的影响。传播知识和技能的规划，以及改善废弃物管理的行为模式和人们的态度，取决于人们对社会和文化特征的正确理解。快速增长的低收入住宅社区可能包括相当多的社会群体和种族群体，而这种社会多样性强烈影响当地社区组织的废弃物管理能力。城市垃圾的有效性和可持续性管理系统，取决于是否拥有完整的系统和设施，以及服务人口的认同程度。因此，重要的是人们从一开始就参与废弃物管理系统本地部分的规划。社区参与对于废弃物转运站和垃圾填埋场等设施项目的选址尤为重要。

2.3.1.3 经济背景

废弃物管理任务，以及适当解决方案的技术和组织性质，取决于所在国家和/或城市的经济背景。事实上，取决于城市特定区域的经济状况。经济发展水平是众多居民和其他用户产生废弃物的数量和组成的重要决定因素。同时，对废弃物管理服务的有效需求，以及支付特定服务水平的付费意愿和能力，也受到特定城市或地区的经济背景的影响。

2.3.1.4 环境背景

首先，定居点的规模和结构对废弃物管理需求的紧迫性有重要影响。在低密度的半城市住区，有机固体废弃物管理采用某种就地的或者现场的解决方案，可能比集中和处置更适合。在选择和设计废弃物收集程序时，需要考虑设备、容器、车辆、沉降物的物理特性(包括密度)、道路宽度、地形和建筑面积等因素。其次，在自然系统的层面上，废弃物处理程序和公共卫生条件之间的关系是相互作用的，它们都受气候条件和当地生态系统气候特点的影响。不受控制的垃圾倾倒场在很大程度上成为昆虫、啮齿动物和其他病媒的滋生地，也是狗、野生动物和有毒爬行动物的聚集地。实际上，气候决定废弃物收集点必须接受服务的频率，以限制负面环境带来的后果。

环境健康状况也可能受到间接影响，例如垃圾沥出物对地下水和地表水的污染。空气污染通常是由垃圾场露天焚烧造成的，而恶臭和被风吹乱的垃圾也很常见。甲烷是一种重要的温室气体，也是垃圾填埋场中的有机垃圾厌氧分解的副产品。此外，垃圾场也可能是通过空气传播的细菌孢子和气溶胶的产生源。处置场地的适宜性取决于许多因素，包括地下土壤的具体特征、地下水条件、地形、盛行风，以及邻近的沉降和土地利用模式。

2.2.4 MSWM 系统在战略、政治、制度、金融、经济和技术方面起着重要作用

2.2.4.1 战略方面

在 MSWM 领域内的发展合作，旨在建立可持续的废弃物管理系统。换句话说，解决方案必须适合特定城市和地区的环境、问题和潜力，这样它们可以与市政当局及其当地社区进行合作。一个可持续解决方案不一定代表最高的服务和环境保护标准，但可以负担得起。在这方面，重要的是不要提出不适当和无法实现的期望目标。然而，在战略层面上，适当性不仅仅意味着被动地适应当前的环境。MSWM 可持续发展战略要求在废弃物管理在政治、制度、社会、金融、经济和技术方面必须制定具体的目标，并采取适当的措施。实际上，MSWM 支持程序通常侧重于一两个方面作为抓手。尽管可以从上述任何一个方面开始，发展战略的可持续性将最终取决于所有这些方面的参与。发展战略的实施是一个长期的过程，涉及不同行为者和组织之间的合作与协调。每项贡献都需要建立在现有活动和计划的基础上，避免重复，促进联系和协同效应。发展援助应促成一种"边做边学"的方法，并促进成功的传播。

2.2.4.2 政治方面

MSWM 战略的政治方面包括目标和优先级的拟定，作用和管辖权的确定，以及法律和法规框架的建立。

MSWM 的某些目标，例如为穷人提供废弃物收集服务和固体废弃物的无害环境处置，具有"公共产品"的特征。这意味着私人对服务的总经济需求大

大低于对社会的服务。在这些情况下，需要一个公共流程来阐明公众对服务的全部需求，并动员相应的资源。为了获得在政治上有可持续，这一进程必须制定明确的目标，得到广泛支持。在资源有限和废弃物管理需求广泛的情况下，替代目标和目的之间的权衡是不可避免的。社会可能不得不在更广泛的废弃物处置收集服务和更高的环境标准之间作出选择，或改善废弃物管理，而不是升级另一个基础设施部门。各国政府还应评估废弃物最小化的潜力，并确定在废弃物收集和处置活动中尽量减少浪费和应优先考虑什么。这种政策问题不能仅在技术的层面解决。相反，它要求一个协商性的政治安排和优先排序的目标进程。

有效的废弃物管理和环境保护计划要求明确角色、司法管辖区、法律责任，以及有关政府机构和其他组织的权利。缺乏明确的管辖权可能会导致争议、无效和无所作为，破坏 MSWM 系统的政治可持续性。对于城市和农村来说，建立城市管理的有效制度安排，在很大程度上依赖于现有的城市和农村系统的规划和管理。作为以业绩为导向的管理的基础，该部门需要一个全面的"战略计划"。这一计划应提供以下废弃物产生方面的相关定量和定性信息：再利用、再循环和服务范围的目标。它应描述收集废弃物的组织、转移和中长期处置。这样的计划将概述主要系统组成和项目关系。在系统中涉及的各种机构和组织之间，它们将提供关于特殊废弃物管理职能、责任下放程度、私人企业参与废弃物管理过程的形式。它们将提供指导方针，说明具体废弃物管理职能和责任。关于成本效益和当地的目标，可持续的 MSWM 将与相关的财政政策一起被制订出。

实施战略计划的工具基础包括法律和监管框架，以章程的形式进行阐述。固体废弃物管理条例包括相应的检查和执行责任，以及国家、州和地方各级的程序。这些也可能包括工业废弃物和危险废弃物管理规定。法规数量应该少、透明、明确、易于理解和公平。此外，应该考虑到它们对城市和农村经济的发展贡献。

规章和制度不是唯一可用的实现废弃物管理目标工具。其他选择包括经济激励措施、根据"污染者付费"原则将外部成本内部化，以及基于环境意识和民众团结的非经济动机。当局应在政策框架内考虑所有可用的"工具"。主要政治目标是：确定社会废弃物管理的目标和优先事项；动员公众支持这些目标；明确界定废弃物的管辖范围、有关政府机构之间的管理任务、私营部门管理者，以及服务用户的角色、权利和义务；制定适当的法律和监管框架，使主管当局的目标能够实现，并具有一定的可持续性。

2.2.4.3 制度方面

MSWM 的制度方面涉及固体废弃物管理的机构结构和安排，以及组织程序和负责机构的能力。地方、地区和中央政府(权力下放)之间，以及大都市地方政府之间的职能、责任和权力分配区域不同。负责市政的固体废弃物管理机构的组织结构应牢记：用于规划和管理的程序和方法；负责固体废弃物管理的机构的能力；他们员工的能力；私营部门的参与；社区和用户群体的参与。

有效的固体废弃物管理取决于国家、省级和地方政府的职能职责、权力和收入的有效分工。某些功能(如投资)出现问题时，方案编制和税收应集中进行，运营和维护仍由地方政府负责。随着大都市的发展，废弃物管理任务通常会扩展到几个地方政府单位。这些情况要求有关城市之间的"横向"合作，以实现有效收入的公平分配。地方当局应该授予负责固体废弃物管理的有关部门所有相关事务的管理权力，特别是收集和使用用户的费用和其他收入。权力下放应伴随着相应的财务系统和行政权力的分配、计划、实施和运营。这通常需要根据实际成本进行改进，编制当地固体废弃物管理预算的程序，并分配所需资金。有效的权力下放使固体废弃物管理更加灵活和高效，可对当地要求和潜力作出响应。同时，决策、财务管理、采购和执行职能的下方，减少了中央政府的行政负担，使其能够在立法、标准定义、环境监测等方面支持市政当局。权力下放和提高管理服务质量的能力，通常需要对负责任的地方政府机构的组织结构、人员配置计划和工作安排方面进行创新。这通常应着眼于弄清楚该系统固有的制度限制，以及增加在地方一级的能力和自主权。地方政府和中央政府之间的合作程序和形式通常需要改进。在这方面，中央政府机构也可以下放其与权力有关的职能和任务，使地方上在需要发展援助时能更好地获得新的能力。需要确定负责固体废弃物的技术机构作为市政部门或部门的组织地位，适当的制度安排将随城市的规模和发展状况而变化。对于大中型城市，建议建立一个自治的区域或大都市固体废物管理机构，或将收集责任下放给各个地方政府，而大都市政府保留转移和处置任务的责任。就小城市而言，城市固体废弃物可能有必要为规划和标准提供支持，并从中央政府获得技术和财政援助。

城市污水管理和其他市政服务部门(污水和排水、公共工程、道路、公共健康等)之间的关系和联系，需要在农村和城市管理的总体框架内加以澄清。最后，行政结构本身需要发展市级制度、工作描述、操作程序、定义等。MSWM 采用的管理方法、技术通常是不够的。

与其他部门、机构的人相比，负责固体废弃物管理信息系统的人很少注意到基于信息系统的综合管理方法、分散的责任、跨学科的互动和职能层次之间的合作。根据地方政府在中小企业管理中的既定角色，改进工作将主要关注适合的战略规划和财务管理方法，包括成本导向、会计系统、预算规划和控制、单位成本计算、财务和经济分析。关于业务规划，适当的管理方法和技能包括数据收集技术、废弃物成分分析、废弃物生成预测和技术规划、特种设备的采购程序，以及管理信息系统有效的监控、评估和规划修订。

管理和业务层面的工作要求与工作人员的实际资格之间往往存在很大差异。作为改进的第一步，可能需要负责任的员工对环境和卫生问题进行意识增强措施。根据组织发展计划、职务说明和培训需求分析，可以制定人力开发计划并实施适当的培训计划。MSWM相关的培训和人力资源开发应建立在城市、区域或国家一级。创建国家废弃物管理固体专业机构可能有助于提高该行业的知名度，并促进业务和专业标准的提高。

私营企业通常可以比公共部门提供效率更高、成本更低的固体废弃物收集、转运、处置服务。然而，正规私营部门参与固体废弃物和危险废弃物管理本身并不能保证效率，私营部门的成功参与的先决条件包括：竞标；通过明确的规范、监控和控制；企业拥有足够的技术和组织能力；有效安排监管伙伴关系。私营部门参与中小企业管理意味着主体的转变，从服务提供到监管的政府机构角色，到有效地规范和控制承包私营企业的活动和业绩，需要建立适当的监督和控制制度，并在地方和中央政府层面发展相应的技能和能力。在某些情况下，还建议向那些证明有一定参与MSWM潜力的私营部门提供援助。

在城市垃圾收集服务不足的地方，工业和商业机构偶尔会雇佣私营企业直接收集和处理它们的固体废弃物，但大型公司有时也自己处理。废弃物产生者和私人废弃物管理企业都有兴趣将成本降低到最低限度，这通常会导致不充分的废弃物处理实践。在这种情况下，公共部门的主要任务是监管，以确保危险废弃物与普通废弃物分开，并以环境安全的方式处置这两种废弃物。提高非正规废弃物收集工人的贡献首先取决于这些工人组织的改善：改善工作条件和设施；为服务和回收材料达成更有利的营销安排；引入健康保护和社会保障措施。至关重要的是，应重视非正规工人对劳动和对社会福利的贡献，并将其活动纳入市政收集和资源回收服务的规划。

为了实现有效的服务交付和成本效益，废弃物管理当局应寻求与居民社区和用户群体建立牢固的伙伴关系。在市政能力不足和/或低成本解决方案必不可少的地方，对地方收集的责任可能下放给社区本身。有效参与和以社区为基础的废弃物管理的先决条件，包括充分的问题意识和组织能力。非政府组织的支持对于建立社区参与当地固体废物管理的能力可能非常有用：将MSWM的责任转移到地方政府一级，并确保权力和权威相应下放；在市政当局建立有效的废弃物管理制度安排(对于大城市来说，是大都市一级)；引入废弃物管理服务适当的方法和程序，提高效率，以满足整体人口需求；建设市政机构及其工作人员的能力，以便他们能够提供所需的废弃物管理服务；在固体废弃物中引入竞争，提高效率，通过私营部门的参与进行管理(正式和非正式)企业；通过当地社区和服务用户的参与废弃物管理，提高废弃物管理的效果，降低成本。

人口产生的废物主要取决于人们的消费方式，并因此取决于他们的社会经济特征。与此同时，废弃物的产生在很大程度上取决于人们对废弃物的态度，使用物质的模式和废弃物处理模式，对尽量减少废弃物和分离废弃物的兴趣程度，以及是否能不乱倒垃圾。人们的态度不仅影响废弃物产生的特征，而且影响对废弃物收集服务的有效需求。换句话说，人们是否有兴趣和愿意为收集服务付费。通过提高认识和教育活动，人们的态度可能会受到积极影响。这类教育活动应消除关于公共卫生和环境条件，以及废弃物收集和有效处置措施不足的负面影响。此类活动还应告知人们作为废弃物产生者的责任和作为公民的废弃物管理权利。受到公共信息和教育措施的影响，人们对固体废弃物的态度可能是积极的。

如果没有切实可行的废弃物处理方案，废弃物处理模式很难维持。因此，无论公众，还是社区参与管理，提高认识的措施应该与废弃物收集服务的改进相协调。同样，人们产生的废弃物和处理模式受邻居的影响。集体逻辑是因为只有一个地区的大多数家庭参与，改进的废弃物处理方法才会对环境产生显著的影响。因此，除了普遍的意识之外，地方废弃物管理取决于是否有切实可行的选择和邻居的共识。

最后，由于产生的废物的量和/或偶发的危险性质，工业机构在废物处置方式方面存在特殊问题。应尽可能采取调控措施。但是，当大量小型工业场所散布在整个住宅区和半住宅区时，这些措施很少会非常有效。意识、可靠的服务选择和共识的问题对于改善工业企业的废物产生和处置方式至关重要。

快速增长、非正式建造的低收入住宅区对 MSWM 提出了特殊的挑战。除了人口密集，低收入居民区的物理限制外，道路、下水道和卫生设施等其他基础设施服务的不足也经常增加废物管理问题。在未铺好道路和人行道的地方，收集车辆或手推车可能很难进入。现有的排水沟经常被废物堵塞，固体废物本身可能被粪便污染。这些条件导致害虫和疾病媒介的扩散，并增加环境健康风险。

服务问题的相互联系的性质和居民通常是自己房屋建造者的积极作用，要求采取适应性的，部门综合的发展方式，这种方式在很大程度上取决于居民的合作和参与。家庭和基于社区的组织不仅可以作为废物收集服务的消费者或用户，而且可以作为本地服务的提供者和/或管理者发挥重要作用。在许多低收入居民区，基于社区的固体废物管理是唯一可行且负担得起的解决方案。引入基于社区的解决方案需要建立意识的措施以及组织和技术支持。

当地非政府组织和社区领袖可以提供城市固体废弃物管理必要的投入，建立社区废弃物管理能力。特别需要注意妇女的作用，她们通常承担家庭废弃物管理的主要责任。虽然管理通常仅限于当地收集，但也可能包括废弃物处理（例如社区堆肥）、回收和处置。基于社区的收集系统必须与仔细地接入市政系统。如果废弃物存放在市政转运点往往会积累，而不是被市政部门转移到最终处置地点。

即使在市政当局提供废物收集服务的地方，用户合作对于诸如妥善存储家庭废物、废物分类、放置家用容器，以及使用公共收集点的纪律等因素也是至关重要的。可以通过广泛构思的解决方案来促进家庭和社区参与废物收集和处置系统的正常运行和维护，这些方案应涉及一般公共卫生和环境问题，以及针对特定MSWM问题的宣传运动。正规教育课程、学校课程、传播教学材料，以及针对社区组织（CBO）和地方领导人的直接培训和激励计划，是提高对MSWM的认识和用户参与的有效手段。

参与发展大型集中化设施，如废弃物转运站和垃圾填埋场，这一点非常重要。虽然邻近的居民可能不理解建设这种设施的必要，他们宁愿把它们安置在其他地方。这很常见，即不得在我家后院附近设立任何危险性事物的"邻避主义"。克服"邻避主义"态度需要公众对废弃物要求的理解，关注社区在选址决策中的管理、有效沟通和参与。

非正规部门的废弃物处理工人往往被社会边缘化、碎片化，他们在没有基本经济或社会保障的情况下，在对健康有危险的条件下生活和工作。应该支持非正规废弃物处理工人，致力于改善他们的工作条件和设施，提高他们的收入能力，改善他们的社会保障，改善包括获得住房、卫生和教育设施的机会。同时，鉴于非正规工人对废弃物收集的贡献的有效性，回收和再利用可能会大大加强。

公共部门废弃物工人和正规私营部门工人也面临不健康的工作条件和不良的社会保障。应确保他们获得社会和保健服务。合适的设备和防护服可以降低他们的健康风险。通过促进废弃物工人角色的"专业化"，适当的服装和设备也可能有助于减轻通常与废弃物工作相关的"社会污名化"。主要社会目标是使城市废弃物管理面向人民的实际服务需求和要求，鼓励有助于提高城市废弃物服务效果和效率的废弃物处理和处置模式，提高人民对固体废弃物问题和优先事项的认识，促进对废弃物收集和处置服务的有效经济需求（支付意愿），动员和支持社区和用户群体对地方废弃物收集和处置服务自我管理的贡献，并促进他们参与城市废弃物管理系统的规划、实施和运行。

2.2.4.4 财务方面

管理服务管理的财务方面包括预算和成本会计系统、资本投资的资源调动、成本回收和运营融资，以及成本降低和控制。

充足的预算、成本核算、财务监控和财务评估对固体废弃物系统的有效管理至关重要。然而，在许多城市，负责管理 MSWM 服务的官员没有关于实际运营成本的准确信息。这通常是由于不熟悉或缺乏使用现有金融工具和方法的能力。许多地方政府的官僚文化缺乏激励，甚至不愿意实现成本和支出的透明度，这种情况有时会加剧。因此，引入改进的成本会计和财务分析应与更广泛的努力相联系，以提高市政基础设施管理的问责制、效率和商业导向。如果缺乏会计专业知识，可以从私营部门引进。

地方政府为固体废物部门的资本投资筹集资金的主要选择是动员资本投资（地方预算资源，金融中介机构的贷款和/或中央政府的特殊贷款或赠款）。在一些国家，市政债券可能是一个可行的融资来源。另一个选择是私营部门融资，近年来吸引了越来越多的投资。然而，在许多国家，中央政府现在是并将继续是固体废弃物和其他部门重大基础设施投资的主要资金来源。然而，重要的是，规划和投资方案编制职能的全部责任应由地方政府承担，地方政府随后必须运营和维护所获得的设施和设备。因此，应推广便利的中央政府融资程序，同时将投资权力和责任移交给地方政府（如基础设施发展基金或银行）。

为了确保投资决策的适当性并避免"华而不实"，在战略规划阶段，地方政府一级需要适当的财务分析程序。

要回收成本和运营融资，有三个主要选项：用户收费、地方税和政府间转账。为了提高供应机构对用户需求的响应能力，并确保收集到的资金实际用于废弃物管理，通常最好通过用户收费而不是一般税收来资助业务。征收效率可以通过增加固体废弃物公用事业费来提高，例如水费。财产税的覆盖面很广，由市政府负责征收。税单上的明细应当是经得起推敲的。

用户收费应基于固体废弃物管理的实际成本，并尽可能与实际提供的收集服务量相关。在较大的废弃物产生者中，可变费用可以通过为废弃物最小化提供额外的激励来管理对废弃物服务的需求。

虽然对废弃物收集服务的经济需求可能涵盖初级收集成本，但很少涵盖全部转移、处理和处置成本，特别是在低收入群体中。为了实现废弃物服务获取的公平性，需要从一般收入中获得一些交叉补贴和/或融资。大型废弃物产生者应根据"污染者付费"原则支付处置服务的全部费用。

实际上，市政府在收取垃圾服务费方面的表现往往相当差。人们不愿意为被认为不令人满意的城市垃圾收集服务付费。与此同时，不良的支付绩效导致服务质量进一步恶化，并可能出现恶性循环。通过将垃圾收集费附加到供水或供电等其他服务的账单上，通常可以提高收费水平。这种系统可以逐步发展，即大用户比小用户支付更高的单位体积收集废弃物的费用。对于大型单点生产商（如工商企业），基于数量或重量的收费可能更合适。这具有将废弃物收入与实际提供的服务量联系起来的优势。

在许多城市，固体废弃物服务收入流入一个普通的市政账户，在那里它们往往被总体支出吸收，而不是用于废弃物管理的预期目的。当地方收取的费用和收入在重新分配到地方一级之前转移到中央政府时，这种资金分配不当的危险甚至更大。除了减少废弃物管理资金这一简单事实之外，收入与实际服务水平之间缺乏联系往往会削弱当地废弃物管理机构的问责制，并消除它们改善和/或扩大服务的动力。这个问题的解决需要明确的政治决策和自主的会计程序，以确保所征收的收入得到实际应用。

为确保 MSWM 系统的长期经济可持续性，对系统开发的投资应符合社会可用于废弃物管理的资源水平。增加固体废弃物运营收入的潜力通常非常有限，确保财务可持续性的最有效方法是降低成本，或"少花钱多办事"几乎总是有机会显著降低 MSWM 服务的运营成本。

原则上，降低废弃物管理可变成本的最直接方法是从源头上减少废弃物负荷，即最大限度地减少废弃物的产生。在低收入住宅区，减少废弃物的潜力通常相当有限。通过居民社区参与当地固体废弃物管理，可以降低公共废弃物收集成本。在大多数情况下，这涉及 CBO 雇用小型企业或非正式废弃物收集工人。除了较低成本的收集服务外，非正式的废弃物回收和/或清除也有助于通过减少需要转移和处置的废弃物量来节约成本。

通过公私伙伴关系在废弃物管理方面引入竞争，可以大幅降低成本。私营企业非常愿意降低成本，并可能为此引入创新和提高效率的措施。其结果可能有助于确定也适用于废弃物管理系统公共部分的现实绩效标准。

在最基本的层面上，降低成本意味着更好地利用现有的人力和设备，改进设备维护，引进适当的技术，以及消除低效的官僚程序。地方和中央政府应能获得有关MSWM服务的实际成本和相关绩效标准的信息，以便更好地判断降低成本的潜力。成本数据、效率指标和绩效标准的收集和传播可能有助于将管理人员的注意力集中在那些需要改进的业务领域。主要的财务目标是为废弃物管理建立切实可行的预算编制和成本核算制度，提高废弃物管理实际成本的透明度，为规划和提高运营效率提供基础，为废弃物管理设施和设备的投资调动所需资源，尽可能根据用户收费为废弃物管理业务实现成本导向的收入，并确保收集的收入用于废弃物管理的预期目的，以降低成本和提高废弃物管理业务的效率。

2.2.4.5 经济方面

经济方面涉及整个国民经济，主要涉及废弃物管理服务对国民经济生产力和发展的影响、废弃物管理系统的经济效益、材料和资源的保护和有效利用，以及废弃物管理活动中的创造就业和创收。

大小规模的工业活动和商业活动，包括商店、市场、旅馆和餐馆，都是重要的废弃物产生者。企业有义务处理这些废弃物，否则这些废弃物会阻碍企业的发展，并对工人、客户和顾客产生负面影响。因此，经济活动对废弃物收集服务有着巨大的经济需求。正如经常观察到的，废弃物产生和对收集服务的需求通常随着经济发展而增加。

高效、可靠、低成本的MSWM服务对国民经济的发展至关重要。降低服务成本的目标可能与环境保护的目标相冲突。为了确定适当的折中办法，重要的是获得关于工业和商业废弃物，包括危险废弃物的来源和组成的准确和尽可能完整的信息。政府当局应与私营部门公司密切合作，为正常和危险废弃物处置问题设计最佳的技术、组织、经济和环境解决方案。为了获得工业和商业废弃物产生者的合作，通常需要在提高认识和技术支持方面作出相当大的努力。需要一种透明的方法，因为如果私营企业认为其竞争对手不付费，它们将非常不愿意支付适当废弃物处理的额外费用。

废弃物收集和处置服务的总体经济效益一方面取决于设施、设备和服务的生命周期成本，另一方面取决于废弃物管理系统的长期经济影响。经济影响可能包括减少疾病和医疗费用、提高环境质量和财产价值、减少干扰和增加业务量等因素。对这些因素的经济评估原则上是对发展MSWM系统的战略计划和投资计划的重要投入。除了用于投资决策的评估和论证之外，还可以利用经济评估来证明废弃物污染的外部成本，从而为改善废弃物管理建立公众支持。在大多数情况下，市政当局没有能力进行经济评估或解决所涉及的方法问题。

在宏观经济层面，废弃物管理始于生产和分配阶段有效利用材料和避免危险材料。应出台抑制材料浪费和鼓励废弃物回收和再利用的政策。促进材料节约和效率的最有效方法原则上是尽可能将废弃物收集和处置的相关未来成本内部化，或者根据"污染者付费"原则，将生产、分配和消费阶段不收集产生的污染成本内部化。依法责成生产者和/或销售者收回并安全处置用过的产品（如冰箱、电池等）是实现这一目的重要手段，并且应该在可行的情况下引入到适当的产品中。根据产生的废弃物量提高服务费用（或逐步提高），会影响消费者行为（例如包装材料）和处置模式（例如废弃物分离），因此可用于管理需求，以实现废弃物最小化。这些措施只有在适用于高收入地区和/或相对大量的废弃物产生者时才有效。

除了降低成本，废弃物管理服务的私有化也与就业和创收有关。在这种情况下，影响不一定是积极的。固体废弃物管理部门通常雇用大量相对低效的工人，而私营企业能够降低成本和提高效率，正是因为它们设法用更少的工人"做得更多"。在静态情况下，更高的劳动生产率（和更高的工资）显然意味着更少的工作岗位。然而，更高的劳动生产率和效率也可以通过扩大低成本服务来增加就业机会。经济战略应该寻求提高劳动生产率和效率，然后通过扩大低成本高效率服务的覆盖面来创造更多的收入和就业机会。正规和非正规私营部门的经验表明，通过更好的设施和设备以及更有效地利用工人的时间，可以大幅增加废弃物工人的收入。主要经济目标是通过有效提供废弃物收集和处置服务，促进国民经济的生产力和发展，而用户愿意并有能力为此付费；确保无害环境地收集、回收和处置所有产生的废弃物，包括商业废弃物；通过充分评估经济成本和效益，确保废弃物管理服务的总体经济效益；通过实际应用"污染者（和用户）付费"原则，促进废弃物最小化、材料节约、废弃物回收和再利用以及经济的长期效率；并在废弃物管理活动中创造就业和收入。

2.2.4.6 技术方面

① MSWM系统的技术规划和设计

为初级收集、储存、运输、处理和最终处置而建立的技术系统通常不太适合城市或城镇的运行要求。在许多情况下，国际捐助者提供进口设备导致使用不适当的技术和/或多种设备类型，这损害了运行和维护职能的效率。

应评估固体废物管理设施和设备，并设计和选择适当的技术解决方案，并应特别注意其操作特性、性能、维护要求和预期的生命周期成本。技术评估需要有关废物成分和数量的数据，废物产生的重要区域特定变化的指示及其随时间的预期变化，了解不同使用者群体的处置习惯和要求以及评估公共和/或私人的技术能力。负责运营和维护系统的部门组织应在 MSWM 战略计划的框架内阐述逐步升级技术系统的概念。

② 废弃物收集系统

废弃物收集系统包括家庭和邻近(初级)废弃物容器、初级和次级收集车辆和设备、组织和装备(包括提供防护服)。收集设备的选择应基于特定区域的数据:关于废弃物组成和数量、当地废弃物处理模式,以及设备采购、运行和维护的当地成本(劳动力、燃料、润滑剂、轮胎等)。

关于当地废物收集系统的设计,有关社区的参与可能会获得最有效的结果。适当时,应考虑材料回收和源分离的目标。必须以务实和渐进的方式引入源头分离,首先要开展试点活动,以评估和鼓励用户参与的兴趣和意愿。

为了扩大服务范围,尤其是在低收入地区,应考虑使用低成本的社区管理的初级收集系统。为了降低成本并有效地进行操作和维护,应选择适当的,标准化的和本地可用的设备。设计和采购时应密切注意预防性维护、维修和备件供应的要求。可以将维护和维修的私有化视为降低维护成本和优化设备利用率的一种手段。

③ 转运系统

转运系统包括临时废弃物储存和废弃物转移的转运点、车辆和设备、操作和维护这些设施和设备的程序。转运设施和设备的设计和扩建,必须符合当地收集系统的特点和环境安全的处置设施。转运站的大小、数量和分布必须仔细设计,以便于当地废弃物收集,同时实现高效的传输操作和最小的传输距离、成本。需要详细的成本分析来确定最佳解决方案。转运点的技术特点和车辆设计必须考虑当地收集系统的特点(手推车、倾倒要求等)。必须小心谨慎地致力于减少当地污染和限制,例如老鼠和昆虫可能进入转运点。转移点通常是一个综合选择,应探索拾荒者活动和安排的地点,以便适应车辆尾气容量而不加重局部污染问题。车辆的选择必须基于仔细考虑的成本分析,即考虑运输便利性、运输量、运营成本和维护要求。

④ 废弃物回收和处置

在低收入国家,可回收材料回收主要是纸、玻璃、金属和塑料,通常是由非正规私营部门承担。对于收集和处置过程的每个阶段,都应通过适当设计设备和设施来促进这种经济有用的活动。通过旨在积极支持提高非正规工人组织能力,改善收集和分类材料的设备和设施的有效性,协调城市废弃物收集和处置业务。正规公共部门的工人经常从事现场某种形式的清除活动,可能有必要规定正式和非正式的权利和回收条件。

公共部门本身可能会参与废弃物回收，或将废弃物回收权出租给正规私营企业。堆肥是回收有机物质最有希望的领域，可有效减少需要转移的废弃物量。经过处理，堆肥产生了一种有价值的农业土壤和园艺用途改良剂。引进堆肥的决定必须是市场决定，以仔细的经济和金融分析为导向。大规模堆肥作业在经济效益上很少可行，小型分散堆肥厂的替代方案可能值得考虑。无论哪种情况，经济上可行的堆肥潜力可以通过在源头引入废弃物分离得到显著改善。政府可能需要相应的措施，例如：促进适当的家庭废弃物储存；鼓励废弃物分离的设施和宣传运动；或者，可以推广社区堆肥。堆肥作业地点靠近土壤调理剂市场(例如农场或苗圃附近)也可能带来好处。成功的因素包括仔细关注产品质量、充分的控制和简单技术的使用。

其他回收选项侧重于废弃物的能源价值，比如焚烧和填埋气体的利用。由于许多发展中国家的废弃物组成(高有机物和水分含量)以及尖端技术的高投资和运营成本，焚烧是很少可行的选择。另一方面，通过填埋气体回收和利用能源可能是一种更有前途的方法。但即使积极实施废弃物最小化和再循环，总是有大量的废弃物残留，当局应确保合适的有新的固体废弃物处置场地，这些场地通过网站可访问，以便及时执行 MSWM 改进。虽然这项技术相当简单，但垃圾填埋涉及复杂的有机过程。为了确保它们的有效运行并限制干扰和环境污染，填埋场需要仔细选址、设计正确、操作良好。通过渗透液和气体的控制，水、土壤和空气必须给予特别关注。应制定环境影响评估、适当的设计标准和关于经常性填埋场的开发和运营的指南，可供地方当局使用。垃圾填埋场选址通常在政治上很困难，需要积极的公共信息和参与，方案可通过谈判解决。

停止垃圾填埋场当前不可接受的倾倒活动，正确设计和正确操作卫生设备，主要好处是实践和对环境无害的处理和恢复现有的垃圾场。很少可能一步就从露天倾倒转变为完全封闭的卫生填埋作业。更常见的是逐步转变，必须预见倾倒做法逐步发展的过程，改进和现有站点的逐步升级。市政当局应该鼓励开始转型过程，而不是等待，直到有可能构建一个全新的设计的垃圾填埋设施。

⑤ 危险废弃物和特殊废弃物管理

需要协同努力建立和改进环境监测和控制，以保持市政系统以外的危险废弃物，特别是垃圾填埋场、下水道和排水管的管理。最重要的是，工业废弃物里有害物质的潜在来源，无论是公共来源，还是私人废弃物收集者提供的，都必须加以识别、登记，并进行适当的管理。尽管控制工业和危险废弃物的法律通常在国家和州一级颁布，市政府也在监测工业和危险废弃物产生方面的发挥关键作用，确定环境安全处置的合适地点，以及监控收集和处置操作。工业排放的程序和引入废弃物准则可用于危险工业废弃物不进入卫生填埋场。还必须特别注意管理医院和其他医疗机构产生的传染性废弃物。主要技术目标是：在适当考虑运行的情况下，实现固体废弃物管理设备和设施的最佳生命周期成本效益以及维护要求、运行成本和可靠性；引入一致的技术系统，以适应处理要求；包括服务用户在内的所有相关行为者的业务，非正式部门、私营企业和公共部门废弃物处理；安装和操作废弃物收集、转运技术系统，减少局部污染，限制害虫扩散，保护环境。

2.3 城市固体废弃物数量和特征

2.3.1 城市固体废弃物数量

小城镇的废弃物产生率低，而人口超过20万的城市的废弃物产生率高，范围在人均0.2~0.5kg/d。人口范围和人均每日废弃物产生量见表2.1。

表2.1 城市固体废弃物产生率[①]

人口/万人	人均每天废弃物产生率/(kg/d)
10~50	0.21
50~100	0.25
150~200	0.27
200~500	0.35
500以上	0.50

① 来源：NEERI(SWM, Feb, 1996)。

城市地区每日产生的城市固体废弃物的贡献在印度超过70%。大城市产生的废弃物的数量和质量通常受人口、生活水平、社会经济条件、商业和工业活动、饮食习惯、文化传统、气候条件等影响。人口增长、商业化和工业化将导致更多废弃物产生。

发达城市的平均城市固体废弃物产生量为人均1.5~3.0kg/d。在大多数发展中国家中，各国城市固体废弃物没有从源头上分离，而是处于混合状态。只有一小部分可回收材料、大量可堆肥和不活泼的物质，如灰尘和道路灰尘。拾荒者收集可回收的街道垃圾、垃圾箱和垃圾处理场的垃圾，他们为了生计拿走纸张、塑料、金属、玻璃、橡胶等，但少量的可回收的物质仍然留在里面。如果处理不当和没有进一步优化处理的话，除了环境因素，危险、不适当的固体废弃物管理也会导致额外的开支。市政美学强调有效管理城市固体废弃物,固体废弃物可以更好地作为一种资源处理,应启动新的潜在原材料的回收利用项目。

来自不同城市的废弃物数量(见表2.2)是准确的,该数据由印度国家环境工程研究所(NEERI)测量。每日数量是根据每次旅行的运输数量和每天旅行的次数确定的。预测未来的废弃物量和预测废弃物成分变化一样困难。促使废弃物组成变化的因素与废弃物产生源头相关。另外,值得注意的一点是废弃物密度的变化。通过管理系统,废弃物从产生的源头转移到最终处置点。储藏方法、打捞活动、暴露的天气情况、搬运方法和分解,都对废弃物密度变化有影响。一般来说,在经济发展中,当地的经济基础越低,废弃物产生和处置的变化越大。在发展中国家,密度通常增加100%,这意味着废物量减少了一半。

表2.2 在城市中心产生的固体废弃物数量[①]

人口范围/万人	城市中心数量(抽样)	总人口/万人	人均值/(kg/d)	固体废弃物数量/(t/d)
<10	328	6830.0	0.21	14343.00
10~50	255	5691.4	0.21	11952.00
50~100	31	2172.9	0.25	5432.00
100~200	14	1718.4	0.27	4640.00
200~500	6	2059.7	0.35	7209.00
>500	3	2630.6	0.50	13153.00

① 来源:Background material for Manual on SWM, NEERI, 1996。

2.3.2 城市固体废弃物的特征

城市固体废弃物的特征取决于来源和废弃物产生的类型。固体废弃物产生的来源有家庭、商业企业(如餐馆、酒店、商店和市场)、机构、屠宰场、医院、疗养院、诊所、建筑和拆除场地、改建和修复场地、发电厂和处理厂等等。产生的各种各样的废弃物有食物垃圾(食物制备、厨余垃圾、市场垃圾、储存和销售产生的垃圾)、垃圾(纸、纸板、纸箱、木箱、塑料、玻璃、破布、衣服、床上用品、皮革、橡胶、草、树叶、庭院装饰、金属、罐头、金属箔、泥土、石头、砖块、陶瓷、陶器、瓶子和其他矿物垃圾)、街道垃圾(街道清扫物、灰尘、树叶和死去的动物)、庞大的废弃物(大型汽车零件、轮胎、炉子、冰箱、其他大型器具、家具和大板条箱)、园艺废料(树木装饰品、树枝、树叶、路边树木、公园和花园的废弃物)、生物医学废弃物(人体解剖废弃物、动物废弃物、微生物学和生物技术废弃物、废弃尖锐物、药物和细胞毒性药物、固体废弃物、固体废弃物焚烧灰)、建筑和拆除废弃物、工业废弃物(工业过程产生的固体废弃物、电子废弃物、污水处理厂污泥、灰烬和残渣、渣块、危险废弃物、爆炸物、放射性和有毒废弃物)。

2.3.2.1 城市固体废弃物的物理特性

城市固体废弃物的组成和特征(见表2.3)在世界各地都不一样,即使是在同一个国家也不一样。因为它取决于许多因素,如生活水平、地理位置、气候等。市政固体废弃物本质上是多种多样的,由许多不同的来自各种来源的物质组成。废弃物构成因特定社区的社会经济地位而异,也因收入决定生活方式-消费模式和文化行为而异。即便如此,还是值得进行一些一般性的观察来获得一些有用的结论。有些废弃物主要成分是纸、易腐烂的有机物、金属、玻璃、陶瓷、塑料和纺织品。此外,污垢和木材通常存在。但也并不总是如此,长期而言,一年内尽管可能会有明显的季节性变化,主要取决于当地影响因素的相对比例,以及特定城市区域的一个或多个处置场地的成分的平均比例。

表2.3 低、中、高收入国家的固体废弃物构成、物理特征和数量

项目		低收入国家[①]	中等收入国家[②]	高收入国家[③]
组成,%	金属	0.2~2.5	1~5	3~13
	玻璃、陶瓷	0.5~3.5	1~10	4~10
	食物和花园废弃物	40~65	20~60	20~50
	纸张	1~10	15~40	15~40
	纺织品	1~5	2~10	2~10
	塑料/橡胶	1~5	2~6	2~10
	各种可燃物	1~8		
	惰性物质	20~50	1~30	1~20
密度/(kg/m^3)		250~500	170~330	100~170
水分含量,%		40~80	40~60	20~30
产生的废弃物量/(kg/d)		0.4~0.6	0.5~0.9	0.7~1.8

① 人均收入低于360美元的国家。
② 人均收入为300美元的国家。
③ 人均收入低于3500美元的国家。

可以从这一比较数据中得出结论:废纸比例随着国民收入的增加而增加;低收入国家易腐烂有机物(食物垃圾)的比例高于高收入国家;废弃物构成的变化更多地取决于国民收入,而不是地理位置,尽管后者也很重要;废弃物密

度是国民收入的函数,低收入国家的废弃物密度比高收入国家高 2~3 倍。低收入国家的水分含量也较高,特定城市中心的废弃物构成因社会经济地位(家庭收入)而有很大差异(见表 2.4)。

表 2.4 城市固体废弃物特此[①]

人口/万人	调查的城市数量	占比,%					
		纸张	橡胶、皮革和合成物	玻璃	金属	可分解物质	不可分解物质
10~50	12	2.91	0.78	0.56	0.33	44.57	43.59
50~100	15	2.95	0.73	0.35	0.32	40.04	48.38
100~200	9	4.71	0.71	0.46	0.49	38.95	44.73
200~500	3	3.18	0.48	0.48	99	56.67	49.07
>500	4	6.43	0.28	0.94	0.90	30.84	53.90

① 来源:Background material for Manual on SWM, NEERI, 1996。

  了解废弃物的密度,即单位体积的质量(kg/m^3),对于固体废弃物管理系统的所有要素的设计都是至关重要的,即社区储存、运输和处置。例如,在高收入国家,通过在废弃物处理过程中使用装载压实废弃物的车辆,可以获得相当大的好处,因为压实后废弃物通常密度较高。使用普通压实设备通常可以减少 75% 的体积,因此 $100kg/m^3$ 的初始密度很容易增加到 $400kg/m^3$。换句话说,车辆在压实状态下运输的废弃物重量是未压实废弃物重量的 4 倍。低收入国家的情况大不相同,高初始废弃物密度妨碍了高压实率的实现。因此,使用压实车辆几乎没有或根本没有优势,并且成本效益不高。由于清扫、处理、潮湿和天气干燥以及收集车的振动,当废弃物从一个源头转移到另一个源头时,密度会自动发生显著变化。固体垃圾废弃物收集和运输时的密度在卫生填埋场的设计中与储存一样重要,垃圾填埋场的高效运行需要将废弃物压实至最佳密度(见表 2.5)。

表 2.5 印度一些城市固体废弃物整理站的密度

城市	固体废弃物密度/(kg/m^3)	城市	固体废弃物密度/(kg/m^3)
Bangalore	390	Jaipur	537
Baroda	457	Jabalpur	395
Delhi	422	Raipur	405
Hyderabad	369		

  对于体积密度测量,所需设备包括一口 $1m^3$ 容量的木箱、一口 $0.028m^3$ 容量的木箱和一台量程 50kg 的弹簧秤。测量程序为:从废弃物堆不同部分取一

个复合样本,将固体废弃物装在0.028m³木箱里,然后借助弹簧秤天平称重。称重后,将这个小木箱(0.028m³)的固体废弃物倒入更大的1m³木箱中,并记录倒入废弃物的重量。重复这个过程直到更大的盒子被装满。废弃物不应该被压实。将1m³的木箱装满三次,取平均值,从而获得每立方米的重量,即固体废弃物密度。固体废弃物的水分含量通常用每单位重量湿材料重量的含水率表示。

$$含水率(\%) = (湿的重量-干的重量)/湿的重量 \times 100\%$$

水分含量的典型范围是20%~45%,代表干旱气候和降雨量大的地区雨季固体废弃物的极端情况。然而,超过45%的数值并不少见。水分增加了固体废弃物的重量,因此增加了收集和运输的成本。因此,废弃物应该与雨水或其他外来水隔离。

水分含量是通过焚烧进行废弃物处理和加工方法的经济可行性的关键决定因素,因为必须为水的蒸发和提高水蒸气的温度提供能量(例如热量)。除了气候条件之外,低收入国家的水分含量通常更高,因为这些国家食物和庭院废弃物的比例更高。

固体废弃物流中的固体废弃物成分的尺寸分布在机械分离粉碎机和废弃物处理过程的设计中具有重要意义。由于尺寸差异很大,在设计系统时,应该对废物特性进行适当的分析。热值是单位重量的物质燃烧产生的热量,通常用kcal/kg(1kcal≈4.186kJ,下同)表示。热值是用炸弹量热计进行。实验测定在25℃的恒温下,由干燥器燃烧测量样本产生。因为测试温度低于沸点,在水中,燃烧水保持液态。然而,在燃烧时,燃烧气体的温度仍然高于100℃,因此燃烧产生的水处于蒸汽状态。在评估焚烧作为回收处置或能源的手段时,应考虑以下几点:有机材料只有在干燥时才会产生能量;废弃物中作为游离水的水分减少了,干燥每千克有机物废弃物需要蒸发大量的能量;废弃物的灰分降低了干燥每千克有机物废弃物材料的比例,在一些情况下,灰分还会保留一些从熔炉中取出的热量。

2.3.2.2 城市固体废弃物的化学特性

了解废弃物的化学特性对于确定任何处理过程的效率至关重要。化学特征包括:化学指标、生化指标和毒性指标。化学指标包括酸碱度、氮磷钾含量、总碳、碳氮比、热值等(见表2.6)。生化指标包括碳水化合物、蛋白质、天然纤维和生物可降解因子。废弃物也可能包括脂类。毒性指标包括重金属、农药、渗滤液杀虫剂毒性试验(TCLP)等。

表2.6 城市固体废弃物化学特征

人口范围/万人	调查的城市/个	水分,%	有机物,%	总氮,%	P_2O_5,%	K_2O,%	C/N比	热值/(kcal/kg)
10~50	12	25.81	37.09	0.71	0.63	0.83	30.94	1009.89
50~100	15	19.52	25.14	0.66	0.56	0.69	21.13	900.61
100~200	9	26.98	26.89	0.64	0.82	0.72	23.68	980.05
200~500	3	21.03	25.60	0.56	0.69	0.78	22.45	907.18
>500	4	38.72	639.07	0.56	0.52	0.52	00.11	800.70

了解化学化合物的种类及其特性对于正确理解废物在废物管理系统中的行为至关重要。分解产物和热值是化学特性的重要性的两个方面。分析确定了化合物和每一类的干重百分比。通过化学分析对其分解速率和产物进行评估。热值表示固体废弃物的热值。化学特征对于评估甲烷气体的潜力具有重要意义。下面描述了通常在城市固体废物中发现的各种化学成分。分解和热值的乘积是化学特性重要性的两个例子。分析确定每种类别的化合物和干重百分比。

脂类化合物包括脂肪、油和油脂。脂肪主要的来源是垃圾、食用油和油脂。脂质热值含量高，约38000kcal/kg，这使得具有脂肪物质含量高的废弃物具有很高的价值，适合能量回收过程。在略高于环境温度时，脂肪在固态变成液态。它们在废弃物分解过程中增加了液体含量。它们具有生物降解能力，但是因为它们在废弃物中的溶解度低，所以降解的速度相对较慢。

碳水化合物主要存在于食物和庭院垃圾中，包括糖和糖的聚合物，例如淀粉和纤维素，并且具有通式$(CH_2O)_x$。碳水化合物易于生物降解成二氧化碳、水和甲烷等产品。分解碳水化合物对苍蝇和老鼠特别有吸引力。因此，碳水化合物暴露于空气中的时间不宜过长。

蛋白质含有碳、氢、氧和氮，由带有取代胺基(NH_2)的有机酸组成。它们主要存在于食物和花园废弃物中，占固体废弃物中干燥固体的5%~10%。蛋白质分解形成氨基酸，但部分分解会生成氨气，有非常难闻的气味。

天然纤维包括天然化合物、纤维素和木质素，这两种材料都是难以生物降解。它们存在于纸张和纸制品以及食品和庭院垃圾中。纤维素是一种较大的葡萄糖的聚合物，而木质素由一组以苯为主要成分单体组成。纸、棉花和木制品的纤维素含分别为100%、95%和40%。因为它们固体废弃物的可燃性很高，所以里面纸和木材比例高，适合焚化。过干纸的热值在12000~18000kcal/kg之间，木材的热值为20000kcal/kg左右，而燃油为44200kcal/kg。

近年来，合成有机材料(塑料)已经成为固体废弃物的重要组成部分，约占 5%~7%。塑料具有不可生物降解性，其分解不会在处理现场中发生。此外，塑料在不受控制的条件下燃烧时，导致下水道堵塞和环境污染。塑料的回收受到更多关注，这将减少这种材料在处置现场的浪费比例。不燃类材料有玻璃、陶瓷、金属、灰尘、污垢、灰烬和建筑/拆除碎片。不可燃共混物占干固体的 30%~50%。

2.4 城市固体废弃物管理的演变

固体废弃物管理可以被定义为与固体废弃物产生、储存、收集、转运、运输和处置控制有关的学科。其遵循的方式应符合公共卫生、经济、工程、保护、美学和其他环境因素的考虑。固体废弃物管理的进化可以追溯到早在 1880 年，首先在英国实行，后来传播到世界其他地方。固体废弃物的早期最常见的处置方法是倾倒在陆地上或倾倒在水中、埋进土壤、用来喂猪、焚化。所有这些方法并不是都适用于所有类型的废弃物。

在陆地上倾倒垃圾是一种常见的做法，包括搬运固体垃圾，然后倾倒在城镇边缘。露天垃圾场变成了处置和焚烧固体废弃物垃圾的一种常见方法。开放的垃圾场也吸引了传播疾病的苍蝇和老鼠。因此，露天垃圾场为无疾病传播的卫生填埋实践开辟了道路。

一些沿海城市实行向水中倾倒垃圾的方法。直到 20 世纪 30 年代，人们终于意识到了这种做法的污染后果。埋进土壤中的方法被用来处理食物、垃圾和街道清扫的垃圾。但是由于这种方法对土地需求量大以及食物垃圾的分解，这种方法没有得到广泛应用。直到人们认识到猪被旋毛虫病感染，旋毛虫病又会感染食用猪的人类。因此，自 1950 年以来，这种方法一直没有被采用。虽然焚烧被认为是最后的处置方法，但它现在被认为是固废体积减小或节约能源的过程。

当今社会与固体废弃物管理相关的问题是复杂的。废弃物的数量和多样性，不断扩张的城市地区的发展，公众的资金限制，许多大城市的服务、技术的影响，以及新兴市场、能源和原材料的限制，制约了固体废弃物管理的发展。因此，为了高效地进行固体废弃物管理，与固体废弃物管理相关的活动，从产生到最终处置被分为六类功能元素：废弃物产生、现场存储、挨家挨户收集、转移和运输、加工和回收、处理。

固体废弃物管理的目标之一是优化这些系统，提供最有效和最经济的解决方案。固体废弃物管理的有用框架可以通过考虑功能要素来建立，分别如下所述。

废弃物的产生包括物质被确定为没有价值，或者被扔掉，或者被收集起来处理。虽然目前废弃物的产生不是一个功能性因素，但在未来，由于回收的废弃物、报纸、纸板、铝罐和瓶子等的效用有限，它可能成为一种废弃物。

现场储存场所是不同种类固体废弃物堆放的地方，各式各样的废弃物将被储存在储存空间很有限的地方。这些废弃物在个别场所是不能容忍的，因为它们具有生物降解性，必须在合理的时间内去除掉这些废弃物。从源头上为固体废弃物提供储存的费用由住户、公寓业主、商业管理部门承担，或者由商业和工业物业的管理人员承担。

挨家挨户收集包括收集家庭和现场储存的固体废弃物，并将它们拖至收集车被清空的地点。在小城市搬运废弃物不是一件容易的事。因为垃圾处理场就在附近，但在大城市却是个问题，处置场地距离很远。

转移和运输包括两个部分，即废物从收集车转移到较大的运输设备，以及随后将废物运输到加工和回收地点或处置地点。机动车运输通常用于处理固体废物。

加工和回收的功能要素包括用于提高其他功能要素的效率以及从固体废物中回收可用材料，转化产品或能源的所有技术、设备和设施。材料的回收包括减小尺寸，通过空气分级机进行密度分离，用于分理处出铁的磁性装置，用于铝的电流分离器以及用于玻璃的筛网。分离成本与回收材料的价值决定了任何回收工艺的选择。废物处理可能会产生燃料或堆肥。

现代垃圾填埋场（卫生）用于固体废弃物的最终处理，以避免对公众健康的损害或危害、老鼠和昆虫的滋生以及地下水的污染等。必须遵循工程原则，将废弃物限制在尽可能小的范围内。通过现场压实将废弃物减少到最低实际体积，并在每天压实操作后加以覆盖，减少暴露在环境中。这些垃圾填埋场不应用做建筑，因为有机物分解可能导致不均匀沉降，但可用于高尔夫球球场、公园、运动场等。

2.5 城市固体废弃物管理技术

2.5.1 填埋

卫生填埋是一种在陆地上处理垃圾的方法，通过利用工程原理将垃圾限制在最小的区域，从而不会对公众健康或安全造成损害或危害。将垃圾缩小到最小的实用体积后，每天工作结束时覆盖一层土。必要的话，或可能以更频繁的时间间隔进行土覆盖。因此，该方法基本上包括铺设材料，然后压实最小的实用体积，最后用土壤覆盖它。由于暴露的表面积最小，覆盖面所需的土壤的量将很小。用土壤或其他无机材料覆盖垃圾使得苍蝇、啮齿动物无法接近。分解过程中释放出来的物质和热量被保存下来，增加了苍蝇幼虫和病原生物的破坏的机会。为了适应不同的场地条件，填埋的基本过程分为三种不同类型，即沟槽法、面积法和斜坡法。

沟槽法最适合挖掘，易于实施，并且地下水位足够低。通常挖了一条2m深、2~5m宽的沟渠。沟渠的长度取决于现场条件和可能同时到达的卡车数量，因此需要一天的垃圾量。挖掘出来的土壤后来被用来作为覆盖土壤。

面积法最适用于自然洼地，通常存在于采石场和山谷中。废弃物被放入自然洼地并压实，然后顶部填一层土并压实。重复这个过程，直到洼地被填满。土壤必须从现场的土坑中挖掘出来，或者从其他地方运进来。

斜坡法是上述两种方法的改进形式。创建宽约15m、长约30m、高度合适的坡道。斜坡底部有一个浅的切口，并切割出一个山谷状的沟渠，这样拖拉机就可以在斜坡宽度上横向行驶。卡车到达坡道顶部，同时将它们拉的废弃物卸入沟渠。然后，垃圾被拖拉机压实。覆土前可以铺设和压实的厚度取决于机械设备的操作简便性。新铺设的层没有完全固结。风险随着层的厚度增加而增加。因此，厚度层限于2m。

总压实和沉降包括一次固结、二次压缩、蠕变和分解。在第一阶段，大部分沉降发生在短时间内，这也是众所周知的，被称为短期剪切变形。第二阶段进展缓慢，分解后的有机物转化为稳定的最终产品，密度的增加反映在进一步的沉降上。在这三个阶段中，第二和第三阶段是缓慢的，不能机械地加速。主要固结取决于重量、成分，以及颗粒的排列、填充深度和渗湿率。在这些因素中，只有填充材料的单位重量可以改变。这种增加是通过使用重型设备实现的，重型设备由于较大的静态压紧力和动态力而导致了更好的颗粒排列。

填埋场的机械设备用于以下用途：废弃物整平、压实、挖掘和运输，以及进行土壤覆盖。通常的做法是使用两套设备，其中一套执行两个功能。低地面压力类型的卡车式推土机可以平整物料并进行压实。由于它速度慢，可以在100m以内的短距离内经济地运行。卡特彼勒D4型推土机运行8h可以处理大约200t物料。这种设备的使用寿命大约是10000个工作小时，需要在这种推土机上使用填埋叶片。卡车型单元将其负载的废弃物分布在更大的区域，因此比叶轮式单元更稳定。车辆前端装载机具有液压操作的铲斗容量为$0.5~3m^3$，可用于平整沉积的固体废弃物，并将土壤从采料坑转移到工作面。推土机的刮刀可以自行推进或牵引，可以移除遗存在其机体上的薄土层。

由于颗粒的自然和人为的重排，填埋场的密度增加，最终原位密度可以由固体废弃物的特性获取。

人工填埋通常在像印度这样的发展中国家使用。这些国家的固体废弃物不包含家具等笨重的废弃物。此外，调查发现印度垃圾填埋场的废弃物密度更高（300~600kg/m³），比发达国家观察到的垃圾填埋场要大（125~200kg/m³）。人工填埋应遵循以下步骤：

① 地的选择应使用与机械化方法相同的标准。

① 提供一条从现有主干路到填充点的全天候通行道路。可以使用建筑废料和拆除的废料、灰烬或熟料准备这条道路，并且应保留少量这种材料以进行日常维修。

② 为了帮助将车辆引导到现场，请在该位置设置旗帜或标识牌。

③ 为了指示必须填充的高度，应提供"观察杆"。

④ 填充应从最接近道路的一点开始，车辆倒车后应接近该点。翻斗车可以更快地卸载，并确保更快的道岔。可以使用具有多个齿的耙子，手动将倾倒的物料散布和平整。通过使用渐变方法，填充物将在场地内逐渐移动。

⑤ 为了指示车辆应停止卸载的位置，可以提供坚固的重型木质保险杠。

⑥ 为了防止车辆后轮沉入新沉积的物体中，请用钢或木制轨枕覆盖工作面附近的区域。

⑦ 在日常操作结束时盖好废物。

人工填埋方法需要工人的数量为每百万人口50~60人。土地需求、土地使用限制、接近现场、运输距离、覆盖材料的可用性、水文调查、是否存在水体等都是选择垃圾填埋场要考虑到的因素。在最终确定填埋场之前，应进行环境影响评估研究。所需的填充量取决于密度、压实程度、填充深度和寿命。在不同情况下，所需的容量会有所不同。以每天人均0.33kg/d的废物产生速率和1000kg/m³的最终密度计算，每年每百万人口大约需要15000m³的填埋量。要知道城市规划部门的土地使用的限制，在选择一个特定的地点之前应该咨询城市规划部门，以便与他们的计划相一致。在方法方面，要考虑到一年四季车辆都可以轻松到达现场，而且填埋场不应该离住宅和商业区太近。所提供的其他条件都满足时，场地应尽可能靠近待建区域，从而降低运输成本。如果场地的土壤本身有覆盖层，则节省了运输土壤覆盖层的额外支出。对可用土壤的分析是必要的。由于雨水渗透，水文地质调查是必要的，固体废弃物往往会将污染物带到下层。因此，这种渗滤液造成的污染负荷将造成地下水污染。应提供水坑式黏土毯形式的不可渗透的屏障，以避免渗滤液污染。为避免地表水污染，应将流经该地点的水路分流，并通过不可渗透的屏障防止由于降水引起的地表水进入水路。

为了保证在周一至周五期间保持全天候工作状态，有必要提供全天候的通道，以避免机械设备打滑。在沟槽法中，需要脱水设备去除填充沟槽的水。消防设备可用于扑灭现场由热灰和可燃材料引起的火灾。由于纸张含量高引起的垃圾火灾问题可以通过可移动的丝网筛解决。虽然灰尘的问题可以通过在沉积的废弃物上洒水来解决，但是也需要适当的排水。因为排水过多会对垃圾填埋场的过度冲击，可能会渗透进土地。啮齿动物可以通过使用合适的啮齿动物毒药来解决。如果该场所位于机场附近，那么鸟类问题就很严重，可以通过迅速掩盖来解决。苍蝇和蚊(如果存在)可以通过使用合适的杀虫剂消除。由于废物中有机物的厌氧分解，会生成CH_4和H_2S气体。为避免由此类气体引起的火灾危险，应提供合适的排水装置，以使它们可以安全排出或燃烧。由于填充物中存在分解的有机物质，因此开垦的土地可用于定位公园和游乐场。

成本包括获得填埋场、运输费、土建维护费用和人员费用。人工填埋方法的成本为2~8卢比/t，取决于所处理的废物量和可利用的土壤。

2.5.1.1 垃圾填埋场设计

填埋场的设计寿命将包括活跃期、封闭期、关闭后时期。活动周期通常可以在10~25年的范围内，取决于土地面积的可用性。监测和维护填埋场的关闭后时期将为活动期结束后25年。将根据填埋场的活跃时期计算出填埋场的废弃物量，其中要考虑到当前每年产生的水量，以及根据过去的记录或人口增长率预计的废弃物产生率的增长。

所需的填埋容量明显大于废弃物容纳的体积。填埋场的实际容量将取决于系统和覆盖材料占据的体积(每日、中期和最终覆盖)，以及压实密度。此外，还应考虑到由于过载压力和生物降解引起的废物沉降量。废弃物的密度因废弃物成分、压实程度和分解状态不同而不同。密度低至$0.40~1.25t/m^3$。根据规划，价值较高的可生物降解废弃物采用$0.85t/m^3$的密度，惰性废弃物采用$1.1t/m^3$的密度。

由于将垃圾合并在填埋场内，不可避免地会发生最终废物在最终覆盖物下方的沉降。最初的沉降主要是由于废料首次被放入填埋场后的物理重新排列。后来的沉降主要是由废弃物的生物降解造成的，进而导致进一步的物理沉降。在计算可用的垃圾填埋量时，通常可允许10%的配额(对于焚化/惰性废物，其不足5%)。总填埋面积应约比填埋所需的面积多15%，以容纳所支撑设施，并允许在垃圾填埋场周围形成绿化带。目前还没有按容纳能力对填埋物进行分类的标准方法。然而，以下术语通常在文献中体积：小型垃圾填埋场，面积不到 5hm²；小型垃圾填埋场，5~20hm²；大型垃圾填埋场，面积超过 20hm²。据报道，填埋高度从小于 5m 到远高于 5~30m 不等。

2.5.1.2　垃圾填埋场布局

垃圾填埋场将包括垃圾填埋和用于支持设施额外区域。在要填充的区域内，工作可以分阶段进行，只有一部分区域处于不确定要整改的状态。垃圾填埋场的布局中必须有以下设施：通道；设备庇护所；称重秤；办公室；废弃物检验和转运站(如果使用)；特殊废弃物临时储存和/或处置场所；用于废弃物处理(如切碎)的区域；划定堆填区和堆放覆盖材料和衬里材料的区域；排水设施；填埋气体管理的设施；渗滤液处理设施；监控井。

2.5.1.3　垃圾填埋场选择

根据地形的不同，填埋场可能在这个地区有不同类型。填埋场可以采取以下形式：地上垃圾填埋场(区域垃圾填埋场)、地下填埋(沟渠填埋)、坡度垃圾填埋场、山谷垃圾填埋场(峡谷垃圾填埋场)，或上述形式的组合。

① 地上填埋场(区域填埋场)：当地形不适合用于开挖放置固体废物的沟渠时，使用区域垃圾填埋场。。区域型垃圾填埋场有很高的地下水条件要求。现场准备包括安装内衬和渗滤液控制系统。邻近土地或土坑区域的覆盖材料必须用卡车等运输设备来运输。

② 地下填埋(沟渠填埋)：沟渠填埋法非常适合覆盖材料深度足够的区域，在现场和地下水位不接近地表的地方可用。通常，固体废弃物被放置在土壤中挖掘的沟渠中。从现场挖掘出来土壤用于日常和最终的覆盖。挖掘出来的沟槽衬有低渗透衬垫，以限制垃圾填埋气体和渗滤液。沟槽长度为 100~300m，深度为 1~3m，宽度为 5~15m，边坡比 2:1。

③ 斜坡填埋：在丘陵地区，通常不可能找到平坦的土地进行填埋，因此必须采用斜坡堆填和山谷堆填。在斜坡垃圾填埋场，废弃物沿着现有山坡的侧面放置。控制从山坡流入的水是设计这种填埋场的关键因素。

④ 山谷垃圾填埋场：洼地、低洼地区、山谷、峡谷、沟壑、土坑等已经被用做垃圾填埋场。在此类填埋场中，放置和压实固体废弃物的技术因场地的几何形状、可用覆盖材料的特性、场地的水文和地质、要使用的渗滤液和气体控制设施的类型、以及如何进入场地而异。控制地表排水通常是峡谷/洼地开发的关键因素。建议在选择填埋场时，应考虑地形、地下水位深度和日常覆盖材料的可用性。

2.5.1.4　操作方法

在进行垃圾填埋场的主要设计之前，重要的是开发操作方法。填埋场分阶段运行,因为它允许给定时间内逐步使用垃圾填埋区;填埋场的一部分可能有最终的表面的覆盖;一部分是正在填充;一部分准备接收废弃物;一部分暂时不动,最后进行覆盖。

术语"阶段(phase)"描述了填埋场的一个子区域。"阶段"包括单元、填埋堆块、日常覆盖物、中间覆盖物、衬里和渗滤液收集设施、气体控制设施和该子区域的最终覆盖。每个阶段通常设计为12个月,通常从底部填充到最终/中间覆盖。在这段时间内,留下一个暂时未恢复的斜面。建议在垃圾填埋场布置完成后尽快制定阶段计划,并最终确定选择方案。必须确保每个阶段在施工阶段结束时达到最终覆盖水平,并且在季风发作之前将其封顶。对于非常深或很高的填埋场,连续阶段应该从底部移动到顶部(而不是水平),以确保尽早封盖并减少"活动"垃圾填埋场的暴露区域。

术语"单元格(cell)"用于描述在一个运行期内(通常是一天)放置在填埋场中的废弃物的物料量。一个单元格包括固体废弃物沉积及其周围的日常覆盖材料。每日覆盖层通常由15~30cm的天然土壤组成,在每个作业期结束时,把土壤覆盖在填埋场的工作面上。日复一日持续的覆盖是为了防止废料被吹散,也为了防止老鼠、苍蝇和其他疾病媒介进入或离开填埋厂,在运行过程中同时要控制水进入填埋场。

一个填埋堆块是垃圾填埋场活动区域上的一层完整的单元格累加组成。每个填埋阶段由一系列填埋堆块组成。在每个阶段结束时放置中间覆盖层.,这一层比日常覆盖面厚45cm或更大的一些,中间层覆盖面保持暴露,直到下一阶段废弃物被放置在上面。当小填埋堆的高度高于于垃圾填埋场的高度超过5m时,完成最后的工作包括覆盖层。最后的覆盖层在所有填埋层完成之后应用于该阶段的填埋操作的整个填埋表面。最终封面通常由多个填埋层组成,设计用于加强地表排水、拦截渗滤水、支持地表植被。

2.5.1.5 渗滤液质量和数量的估计

渗滤液是由于水渗入垃圾填埋场而产生的。因此,渗滤液可以定义为水或其他液体与固体接触时产生的一种液体。浸出液是一种被污染的液体,含有大量溶解的物质和悬浮材料。

影响渗滤液质量的重要因素包括垃圾成分、经过时间、温度、湿度和氧气含量。一般而言,同一废弃物类型的渗滤液质量可能在不同气候区域的垃圾填埋场而有所不同。填埋作业实践也影响渗滤液质量。印度尚未公布渗滤液质量数据。然而,根据印度理工学院(Indian Institute of Technology)、国家环境工程研究所(National Environmental Engineering Research Institute,NEERI)和一些州的污染控制委员会进行的研究表明，卫生填埋场下方存在地下水污染的可能性（见表2.7）。

表2.7 城市固体废弃物填埋场渗滤液的成分[1]

类型	参数	最小值	最大值
物理指标	pH值	3.7	8.9
	混浊度/JTU	30	500
	传导性/(Ω/cm)	480	72500
无机指标	悬浮固体总量/(mg/L)	2	170900
	总溶解固体/(mg/L)	725	55000
	氯化物/(mg/L)	2	11375
	硫酸盐/(mg/L)	0	1850
	硬度/(mg/L)	300	225000
	碱性/(mg/L)	0	20350
	凯氏总氮/(mg/L)	2	3320
	钠/(mg/L)	2	6010
	钾/(mg/L)	0	3200
	钙/(mg/L)	3	3000
	镁/(mg/L)	4	1500
	铅/(mg/L)	0	17.2
	铜/(mg/L)	0	9.0
	砷/(mg/L)	0	70.2
	汞/(mg/L)	0	3.0
	氰化物/(mg/L)	0	6.0
有机指标	COD/(mg/L)	50	99000
	TOC/(mg/L)	0	45000
	丙酮/(mg/L)	170	110000
	苯/(mg/L)	2	410
	甲苯/(mg/L)	2	1600
	氯仿/(mg/L)	2	1300
	1,2-二氯甲烷/(mg/L)	0	11000
	甲基乙基乙烯酮/(mg/L)	110	28000
	萘/(mg/L)	4	19
	苯酚/(mg/L)	10	28800
	氯乙烯/(mg/L)	0	100

续表

类型	参数	最小值	最大值
生物指标	BOD/(mg/L)	0	195000
	大肠杆菌总数/(mg/L)	0	100

① 来源：Bagchi(1994)；Tchobanoglous et al(1993)；Oweis and Khera(1990)。

可以在早期阶段对渗滤液质量进行评估，以便确定废弃物是否有害、选择填埋场设计、设计渗沥液处理厂、制定地下水化学品监测项目清单。为了评估渗滤液的质量，应遵循毒性特征浸出程序（TCLP试验）。由于废物的异质性以及难以模拟随时间变化的现场条件，因此对城市固体废物进行实验室渗滤液测试无法获得非常准确的结果。来自旧垃圾填埋场的渗滤液样品可能对渗滤液的质量有所指示。但是，这也取决于垃圾填埋场的年龄。

在设计具有大量可生物降解材料以及混合废物的城市固体垃圾掩埋场时，普遍观察到渗滤液质量对地下水质量有害。因此，所有垃圾填埋场的底部都将设计衬垫系统。当且仅当满足以下条件时，才会为垃圾填埋场提供衬垫：如果废弃物主要是建筑材料这类惰性材料，不包含任何不希望的混合成分（例如油漆、清漆、抛光剂等）。实验室测试（如TCLP测试）最终证明此类废弃物的渗滤液在限制允许范围内；如果废弃物中含有一些可生物降解物质，如果废物中含有一些可生物降解的材料，则必须证明通过对新鲜废物进行的实验室研究和对旧垃圾场的实地研究，这些垃圾中的渗滤液不会影响垃圾填埋场所有阶段的地下水，并且至今还没有影响到旧垃圾场中的地下水或底土。这种情况可能发生在基底土壤：基础土壤可能是渗透率小于 1×10^{-7} cm/s 的黏土，在基础以下至少5m深度，并且地下水位在基础以下至少20m。在所有这种情况下，都必须提供渗滤液收集设施。

垃圾填埋场产生的渗滤液量非常依赖于渗透水的量，这又取决于天气和填埋时操作实践。落在垃圾填埋场上的雨水量在很大程度上决定了产生的渗滤液质量。而降雨量又取决于地理位置。在季风季节内，垃圾填埋场会产生大量的渗滤液。垃圾填埋场最终覆盖部分的渗滤液量很少。

① 活动区域的渗滤液产生率。可以通过以下简化方式估算：

渗滤液体积＝（沉淀产生的液体体积）+（压缩后产生的液体的体积）-（蒸发损失的体积）-（废弃物吸收的水量）

② 关闭后的填埋场的渗透液的生成率。在最终覆盖层建造完成后，只有能够渗透到最终覆盖层的水才能渗透到废弃物中并生成渗滤液。主要沉淀量将转化为地表径流，渗滤液产生量可估算如下：

渗滤液体积=(沉淀体积)-(地表径流量)-(蒸发损失的体积)-(废弃物和中间土壤覆盖物吸收的水量)

对于不接收外部径流的填埋场,可以通过假设渗滤液产生量为活跃的填埋场降雨量的25%~50%和覆盖区降雨量的10%~15%来获得非常近似的估计。这是一个经验法则,只能用于初步设计。对于详细设计,必须使用计算机模拟模型,例如用"填埋场性能的水力评价(HELP)"来估算渗滤液的产生量。建议在设计所有主要垃圾填埋场时进行此类研究,以估计渗滤液的数量。

2.5.1.6 垃圾填埋场衬垫的设计与施工

填埋场底部和侧面的衬垫系统是填埋场防止地下水污染的关键部件。本节讨论了衬垫系统的两个组成部分——压实黏土/改良土和土工膜的设计和施工程序。

2.5.1.6.1 压实黏土/改良土

选择用于土壤屏障层的材料通常取决于现场或附近区域的材料可用性。选项的层次如下:天然黏土可用做衬层系统的矿物成分,合适的黏土可在现场或附近获得;如果黏土不可用,但有淤泥(或沙子)沉积,那么选择优质膨润土增强土壤/改良土壤可能是经济的。

2.5.1.6.2 压实黏土

只要有合适的低渗透性天然黏土材料,它们就提供最经济的衬里材料,并被广泛使用。压实黏土衬里的基本要求是其渗透率应低于预定限值(10cm/s),并应在设计寿命期间保持这一点。现场可用的天然黏土通常以工程方式挖掘和重新压实。如果黏土来自附近地区,它会被铺成薄层并压实在现有土壤上。仅在没有干燥裂纹且性质均匀且均匀致密的情况下,原位黏土的质量可能足以阻止对致密黏土衬里的要求。

2.5.1.6.3 改良土

当低渗透黏土在当地不可用时,可将原位土与中高塑性进口黏土或商品黏土(如膨润土)混合,以达到所需的低渗透系数。就土壤而言,膨润土掺合料通常用做低渗透性改良土壤衬垫。通常,级配良好的土壤需要5%~10%的膨润土干重,而级配均匀的土壤(如细砂)通常需要10%~15%的膨润土。最常用的膨润土混合物是钠基膨润土。钙膨润土也可以使用,但是可能需要更多的膨润土来达到所需的渗透性,因为它比钠膨润土更具渗透性。

膨润土不是唯一考虑选择的添加剂。偏远地区中到高塑性黏土也可以选用,并可与当地土壤混合。通常需要大量黏土(10%~25%)来实现要求的渗透性。然而,这些有时可能被证明比膨润土改性土壤更经济,其渗透性更好,可能不会受到渗滤液质量的显著影响。合格的屏障通常由压实土壤，即黏土或改良土壤制成，预期满足以下要求：1×10^{-7}cm/s 或更低的水力传导率；厚度为 100cm 或以上；由于干燥，没有收缩裂缝；压实黏土层中没有土块；在伴随着斜坡的压缩载荷下衬垫的稳定性也有足够的强度；渗滤液对导水率的影响最小。

具有很低渗透率值（通常远低于规定极限）的高塑性黏土在干燥时表现出广泛的收缩性，并且在相对干燥的状态下压实时往往会形成大土块。它们的渗透性也会随着某些有机油脂的进入而增加。中等塑性的压实良好的无机黏土，无论是天然的还是改良的，似乎最适合衬层施工。具有以下规格的土壤将证明适用于衬里施工：细土含量，40%~50%；塑性指数，10%~30%；液体极限，25%~30%；黏土含量，8%~25%。

在衬里施工前，有必要进行详细的实验室试验和一些现场试验，以确定与渗透性、强度、渗滤液相容性和收缩率相关的要求是否得到满足。压实土壤衬垫的设计过程包括以下步骤：.借土区或材料来源的识别（原地或附近）；对于原位土壤，进行现场渗透性试验，以评估天然土壤在其原位条件下的适宜性；衬垫材料的实验室研究（来自现场或附近位置），包括土壤分类试验、压实试验、渗透性试验、强度试验、收缩试验和渗滤液相容性试验；如果天然土壤不满足衬里要求，对添加剂来源的要进行识别，即来自不太远地区的天然黏土或市售黏土，如膨润土；使用不同比例的添加剂对土壤添加剂混合物进行实验室研究，以找到达到规定要求所需的最低添加剂含量；在试验垫上进行现场试验，以最终确定压实参数（层厚、遍数、压实机速度），并验证复合土壤的现场渗透率是否在预定限值内。

对于改良土壤，应进行以下试验，以达到最低添加剂含量。

① 添加剂成分：进行粒度分布、塑性试验和微观试验，以确定添加剂的黏土含量、活性和黏土矿物学。

② 主体材料成分：对主体材料进行粒度分布和塑性测试，以评估主体材料容易与添加剂混合。干净的砂、粉砂和非塑性粉砂通常容易与黏土和膨润土混合。由于产生不均匀混合的成球效应，黏性基质更难混合。主体材料必须足够干燥，以便适当混合。

③ 土壤添加剂压实试验：标准普洛克托（或改良）试验是在不同数量的添加剂混合到土壤中的情况下进行的，通常以2%~5%的增量进行。应评估添加剂对干密度和最佳含水量的影响。

④ 土壤添加剂渗透率试验：渗透率试验是在压实后饱和的改良土壤样品

上进行的,该样品含有不同的添加剂,其中每个样品在最佳含水量下压实至最大密度。水力传导率通常随着添加剂含量的增加而降低。有可能从一系列测试中确定达到所需水力传导率所需的最小添加剂含量。

⑤ 实验室结果分析:现场工程师通常需要一个压紧过程说明,说明最低可接受的干密度以及可接受的含水量范围。通常有可能达到一个最小的可接受的含水量和干密度范围。应采用逐步降低的方法来确定这一可接受的含水量和干密度范围,然后将其传达给现场工程师。

在建造主衬垫之前建造现场试验测试垫具有许多优点。人们可以试验压实设备、含水量、设备通过次数、提升厚度和压实机速度。最重要的是,可以在测试台上进行广泛的测试,包括质量控制测试和水力传导测试。测试垫的宽度应明显大于施工车辆的宽度(>10m)和更大的长度。在理想的情况下,衬垫应与全尺寸衬里厚度相同,但有时可能更薄。原位导水率可以用过滤法中的密封双环来测定。在试验台上进行现场试验,在零覆盖应力下测量水力传导度。水力传导率随着压力的增加而降低。应根据在一系列压缩应力下进行的实验室电导率测试这一结果,针对压缩力的影响,对测试垫上测量的电导率进行校正。

2.5.1.6.4 压实黏土衬垫

压实黏土衬垫的施工顺序如下:通过移除灌木和其他植物生长来清除取土区域;调节取土区的含水量,洒水或灌溉以增加含水量,翻土和充气以降低含水量;材料挖掘;用运输机或通过传送系统运输到现场(短距离);土壤薄层(厚度约25cm)的铺展和平整;喷洒混合水进行最终含水量调节;使用压路机压实;施工质量保证测试;放置下一个填埋块并重复该过程,直到达到最终厚度。

土壤压实的双重目的是:将土块破碎并重塑成均匀的块;压实土壤。如果进行压实,从而在规定的含水量下获得所需的密度,则在现场可以获得需要的渗透性。法规通常要求建造至少100cm厚的压实黏土衬里。这个厚度被认为是必要的,这样在施工过程中任何局部缺陷都不会引起整个层的水力短路。压实的土壤衬层由一系列薄的填埋块构成。这允许填埋块之间的适当压实和均匀黏结。通常黏土衬垫的提升厚度在压实前为25~30cm,压实后约为15cm。黏土衬垫的每一个填埋块都必须正确地黏合到下面和上面的填埋块上。如果不这样做,将形成一个独特的填埋块接口,这可能提供填埋块之间的液压连接。

羊脚压路机最适合压实黏土衬垫。完全穿透脚的滚轮有一个大约25cm长的轴。与部分穿透辊(垫脚辊)不同,完全穿透的羊脚辊可以推动整个土壤及填埋块并将其重铸。除了增加填埋块之间的结合力外,还应该通过考虑滚轮重量、每只脚的面积、通过次数和滚轮速度等因素来实现压实能量最大化。

垃圾举升架通常水平放置。然而，当在边坡上建造衬垫时，举升架可以平行于边坡放置(由于压实设备的限制，对于高达 2.5°水平、1°垂直的边坡)，也可以放置在水平举升架中。水平举升机要求的宽度至少是一件建筑设备的宽度(通常为 3~4m)。

2.5.1.6.5 改良土壤衬垫

改良土壤衬垫的施工过程类似于压实黏土衬垫的施工过程，是在挖掘阶段后将添加剂引入土壤中。膨润土等添加剂可以通过两种方式引入，即就地混合或中心工厂法。在后一种技术中，土壤和添加剂在泥浆泵或中央混合设备中混合。也可以在泥料磨中与膨润土同时加入，或者在分离处理步骤中加入。中央搅拌站法比就地搅拌更有效，应予以采用。还可以检查使用小型车载混凝土搅拌站搅拌膨润土的情况。必须检查混合物的质量，以确保添加剂的均匀性和正确性。至少应进行五次试运行，以目测和粒度分析检查混合物的质量。渗透率也应使用现场混合物进行检查，并在实验室压实。

施工期间，实施质量控制以确保施工设施符合设计规范。取土区材料控制和改良土壤控制包括以下试验：粒度分布、含水量、材料极限、实验室压实试验和实验室渗透性试验。测试频率从每 1000m³ 一次测试到每 5000m³ 一次测试不等。压实土壤衬层控制测试包括：原位密度测量、原位含水量测量、原状样品的实验室渗透率测试、原位渗透率测试、粒度分布和压实样品的阿特伯格极限测试。现场密度和含水量的测试频率可高达 10 次测试/($hm^2 \cdot L$)，而其他测试则以约 2 次测试/($hm^2 \cdot L$)的较低频率进行。

厚度为 1.5mm 的隔泥网膜铺设在压实黏土/改良土壤，接触面上没有缝隙。隔泥网膜通常应满足以下要求：它应该是不透水的；它应有足够的强度来承受路基变形和建筑负荷；它应该有足够的耐久性和寿命来承受环境负载；接缝/接缝的性能必须和原始材料一样好。

隔泥网膜衬里的规格见表 2.8。这些规范只是提示性的，由土工合成材料专家对图 2.1 所示的每个填埋场进行处理后进一步改进。在以下情况下必须设计/检查隔泥网膜组件，即在锚沟使用时沿斜坡滑动、超过允许重量的车辆、发生不均匀沉降。

表 2.8 隔泥网膜在性能测试中的数值

性质	典型值
厚度	1.5mm
密度	0.94g/cm³
滚轮宽度	6.5m×150m

续表

性质		典型值
拉伸强度	屈服拉伸强度	24kN/m
	断裂拉伸强度	42kN/m
	屈服伸长率	15%
	断裂伸长率	700%
	割线模量(1%)	500MPa
韧度	抗撕裂性(初始)	200N
	抗冲击韧度	480N
	低温脆性	94℉
耐久性	炭黑	2%可忽略长度,1月后变化(110℃ A-1)
	炭黑分散度	
	热加速老化试验	
耐化学性	耐化学废弃物混合物	强度变化10%(超过120天)
	对纯化学试剂的耐受性	强度变化10%(超过7天)
	环境抗应力开裂性	1500h
	尺寸稳定性	+2%
	缝隙长度	80%或者更多(拉伸强度的)

图 2.1 垃圾填埋场

尽管隔泥网膜安装的施工活动有质量控制测试，不像黏土衬里施工那样耗时。压实黏土/改良土的表面必须适合于准备安装合成薄膜，表面必须不含任何大于 1.25cm(0.5in) 大小的颗粒。更大的粒子可能会在衬里中造成隆起。平面布置计划应提前做好，应避免重型设备或者车辆在衬垫上经过。在任何情况下都不应该允许这些情况出现在衬里上。

衬里接缝应避免在渗滤液收集管线位置的1.0m范围内。这个问题可以在布局规划期间最终确定。底基层铺设前必须检查脚印或类似凹陷。应指示施工人员只携带必要的工具，不要穿厚重的靴子(网球鞋是首选)。合成膜的铺设要避免强风(24km/h或更多)。接缝应在制作商规定的温度范围内完成。

有几种接缝方法可供选择。以下是一些最常用的接缝技术：热风、热楔熔焊、挤压焊接(圆角或搭接)和溶剂黏合剂。制造商通常指定要使用的接缝类型，并在大多数情况下提供接缝机。必须遵循制造商的接缝规范和指南。即使使用自动机器，接缝也更容易。只有熟悉机器并有一些实际经验的人才允许操作接缝。对于高密度聚乙烯，通常采用热楔熔化和挤压焊接型接缝。隔泥网膜必须尽快覆盖保护性土壤。应在现场附近储存足够量的土壤，以便在质量控制测试结果可用，并且在最终检查结束后，土壤能够立即黏附到成品膜上。合成膜可能被有蹄动物损坏。裸露的薄膜应通过隔离该区域或其他适当的方法来防止这种损坏。至少30cm的细砂或淤泥或类似的土壤应铺在薄膜上作为保护层。土壤应进行筛选，以确保最大粒径为1.25cm或更小。必须仔细制定交通路线计划，以便车辆不会直接在膜上行驶。应该用轻型推土机轻轻推土，以便铺平道路。应尽可能避免将土壤倾倒在薄膜上。应创建一条或两条具有额外土壤厚度(60~90cm)的主要路线，供重型设备用于土壤移动。如果在覆盖薄膜时不小心，即使在安装过程中最大限度的预防和质量控制也是毫无意义的。缓慢而小心的操作是获满意的土壤分布的关键。

隔泥网膜投标规范应包括运输、安装和质量控制测试的保修范围。由于保修，项目成本可能会增加。投标中应询问公司的经验(制造和安装)、制造和安装期间的质量控制以及物理安装，以便在不同投标人之间进行适当的比较。

隔土网膜安装前和安装过程中的质量控制为：安装前必须对土工膜的多种物理性能进行测试。通常这些测试大多在制造时在制造商实验室进行。业主可以安排一名独立的观察员监督测试，在独立的实验室进行测试，或者使用分离取样技术。在投标过程中，必须明确解决预安装质量控制测试的责任问题。以下是用于质量控制目的的测试：板材厚度、熔融指数、碳含量百分比、耐穿刺性、抗撕裂性、尺寸稳定性、密度、低温脆性、剥离黏合性、黏合接缝强度。

安装期间执行的质量控制测试包括以下内容：压实黏土/改良土层表面的检查；验证拟定的布局图；检查辊重叠；检查锚槽和水池；使用适当的技术对所有工厂和现场接缝进行全长测试；破坏性接缝强度试验；修补修理。

在隔土网膜上的保护性土层上建造排水层。其渗透率必须大于0.01cm/s。排水毯材料的厚度和馏分含量应小于0.074mm和不应超过5%。干净的粗砂是排水毯的首选材料，然而砾石也可用于此目的。当一层砾石用做排水毯时，废弃物中的粉末可能会迁移并堵塞毯子。过滤介质设计方法可用于设计砾石排水垫层上的分级过滤器。质量控制测试包括粒度分析和可测量性测试。通常，每1000m³材料进行一次粒度分析，每2000m³材料进行一次可测量性测试就足够了。对于较小的体积，应至少测试四个样品的上述特性。应在90%的相对密度下测试材料的渗透性。沙毯将按照渗滤液收集管设计者的规定放置在渗滤液收集沟中。

2.5.2 堆肥

堆肥是一个将废弃物分解并转化成粪肥的过程。这可以通过微生物学和害虫来实现。

2.5.2.1 微生物堆肥

堆肥是一个分解过程，由微生物过程的连续重叠组成，微生物过程的强度由代谢产生的热和气体产物表示。快速变化的环境条件首先导致大量微生物的爆炸式繁殖，这是快速巴氏灭菌法所必需的，而巴氏灭菌法是消灭致病物种所必需的。霉菌在堆肥中的作用非常重要，吉森大学(Giessen University)的帕克博士进行了一项研究，研究表明霉菌在有机物料的分解中起着重要的作用。霉菌在自然界中无处不在，并且比细菌更少受到不利生活条件的限制，例如低水分含量、低温和基质的高酸度。此外，还注意到在试验堆中氧气占优势的区域，真菌的增殖比在氧气较少的试验堆内部更强烈。上述观察对中间型和热电堆型的真菌都成立。

真菌与木桩含水量的关系也得到了证实，干燥地区的真菌比潮湿地区多。随着温度的升高，中温微生物在37℃左右快速繁殖，随着温度的进一步升高逐渐消退，在67℃时停止生长。冷却后，中温微生物再次出现，在干燥地区数量更多。相反，嗜热生物最初并不繁殖，它们的数量随着温度的升高而减少，3天后在67℃时消失。后来，它们在气温下降时在干燥地密集地繁殖。真菌在最佳条件下最大程度地生长在白色和有色菌丝堆的最突出区域。此外，真菌最初的增加并不是源于生活垃圾中存在的物种的均匀生长，而是源于微生物菌群的迅速发展变化。原始垃圾中存在的真菌是少数几个物种的统一物种，其中高达70%的真菌是地丝菌属(Gotrichium)。所有物种在87℃以上消失。此外，当冷却时，真菌区系随着新物种再次出现。

园丁、园艺家和葡萄酒种植者更喜欢堆肥。相反，农民更喜欢尽可能便宜的产品。从长期效果来看，原始垃圾的延迟经济效益优于堆肥。因此，人们认为，病原体很少的城市垃圾可以在去除有害物质后直接用于土壤。但是要注意堆肥产品的卫生安全，特别是当堆肥由含有病原微生物的污水污泥组成时。因此，销毁病原体变得十分必要。

实验表明，病原体被填充在原始垃圾中，在 55~60℃ 的温度下，作用约 14 天后，病原体在初始含水量为 40%~60% 的污泥混合物中至少转了一圈。水分含量相对较高的堆肥有利于厌氧病原体的繁殖。这可以通过翻动垃圾将厌氧区转化为有氧区来避免。

此外，将含有污泥混合物的堆肥用于涉及动物的农业生产，需要完全避免病原体引起的疾病，例如霍乱、鸡瘟、炭疽等。研究还表明，温度不是销毁病原体的唯一标准。某些抗生素在堆肥过程中产生，对病原体产生拮抗作用。因此，可以得出结论，用污泥混合物将原始垃圾堆肥可生产卫生安全的堆肥，可用于农业生产。堆肥有利于农作物生产，原因主要有几方面：由城市垃圾制成的堆肥含有大约1%的氮磷钾；在堆肥过程中，植物养分被转化成有机肥的形式，在长期的过程中逐步释放出来，不会轻易流失；含有对植物的生长至关重要的微量元素，如锰、铜、硼、钼；它是一种很好的土壤改良剂，能增加土壤的肥力，特别是在轻沙土中；它提高了土壤的离子交换和保水能力；由于热带气候，土壤中的有机物因微生物活动而迅速耗尽，堆肥可以添加稳定的有机物，从而改善土壤的质量；它增加了土壤的缓冲能力。

因此，堆肥应用于土壤是有益的，但堆肥不能替代化肥，它们都有特定的角色要扮演。堆肥最好与化学肥料结合使用，以获得最佳效益。目前已经成功地证明，当两者以一定比例一起使用时，可以获得最佳结果。据报道，这种情况下农作物的产量远远高于单独使用堆肥或化肥时的产量。

城市垃圾中的有机物质可以在有氧或无氧条件下转化为稳定的形式。有氧分解过程中，有氧微生物将有机物氧化成二氧化碳和二氧化氮。有机化合物中的碳被用做能源，而氮被循环利用。由于放热反应，物质的温度上升。厌氧微生物在代谢营养物质的同时，通过还原过程分解有机化合物。在此过程中释放出非常少量的能量，堆肥块的温度不会上升太多。放出的气体主要是甲烷和二氧化碳。由于有机物的厌氧分解是一个还原过程，最终产品在应用于土地时会发生一些轻微的氧化。

影响堆肥过程的因素包括：有机物、培养物的使用、湿度、温度和碳氮比。

① 有机物。有氧堆肥是一个动态系统，细菌、放线菌、真菌和其他生物形式积极参与其中。一个物种相对于另一个物种的优势取决于不断变化的食物供应、温度和基质条件。在这个过程中，兼性和专性需氧形式的细菌、放线菌和真菌最为活跃。中硅酸盐形式在最初阶段占优势，很快就让位于嗜热细菌和真菌。除了在堆肥的最后阶段，当温度下降时，作用菌和真菌被限制在外表面层的 $5\sim15\mu m$。如果翻动不频繁，外层放线菌和真菌的生长增加会产生典型的灰白色。嗜热放线菌和真菌已知在 $45\sim60℃$ 范围内生长良好。尚未尝试确定不同有机物在不同物质分解中的作用。嗜热细菌主要负责蛋白质和其他容易生物降解的有机物的分解。真菌和放线菌在纤维素和木质素的分解中起着重要作用。放线菌中，一株链霉菌在堆肥中很常见。堆肥中常见的真菌有青霉和熏蒸曲霉。

② 培养物的使用。在堆肥系统的发展过程中，各种创新者提出了新的微生物接种物、酶等。据称这加快了堆肥过程。但是一些工人进行的调查表明，它们是不必要的。当环境条件合适时，本地细菌比实验室条件下的细菌更容易适应城市垃圾并进行必要的分解。因为这个过程是动态的，任何特定的生物体都可以在特定的环境范围内生存，所以当一个群体开始减少时，另一个群体就开始繁荣。因此，在这样一个混合系统中，添加类似的外来生物（如接种物），细菌就会生长繁殖，这是多余的。然而，当一些不具备所需本地细菌种群的工业和农业固体废弃物用于堆肥时，这种接种物可能很重要。

③ 水分。水分取代颗粒间孔隙中的空气。水分含量过低会降低生物体的代谢活性，而如果水分含量过高，则会出现厌氧条件。结果表明，堆肥的最佳含水量在 $50\%\sim60\%$ 之间。令人满意的有氧堆肥所需的水分取决于所使用的材料。如果存在秸秆和强纤维材料来软化纤维，则需要高水分含量。水分含量高于 $50\%\sim60\%$ 的堆肥可在机械的沼气池中进行。在厌氧堆肥中，所需水分将取决于储存和处理方法。

④ 温度。在厌氧分解过程中，每克葡萄糖释放热量 $26kcal/g$，而有氧条件下为 $484\sim674kcal/g$。由于垃圾具有良好的隔热性能，放热生物反应的热量累积，导致分解物质的温度升高。热量损失将从表面发生，因此每单位重量堆肥物质暴露的表面积越大，热量损失就越大。当堆料翻转时，会发生热量损失，导致温度下降，但在主动分解过程中，热量会上升至高达 $70℃$。向堆肥物料中加水会导致温度下降。只有当条件变得厌氧或分解的活跃期结束时，温度才会下降。在厌氧堆肥过程中，释放出少量热量，其中大部分通过扩散、传导等方式逸出。因此，温度的上升是不明显的。有氧堆肥过程中，废弃物料在 12

天内翻两次，里面的阿米巴死亡，36天内翻三次，蛔虫卵也被破坏。在厌氧过程中，寄生虫和病原体的破坏是由于在不合适的环境中长时间滞留、生物对抗和自然死亡造成的(见表2.9)。在厌氧过程中，病原体和寄生虫的破坏是无法保证的。已经发现，纤维素酶的活性在70℃以上降低，硝化的最佳温度范围在30~50℃之间，超过该温度，会发生大的氮气损失。在50~60℃的温度范围内，会发生高硝化和纤维素降解，并确保病原体和寄生虫的破坏。

表2.9 某些常见病原体和寄生虫暴露受到破坏的温度和时间

生物体	时间和温度
伤寒沙门氏菌(Salmonella typhosa)	46℃以上不再增长；55~60℃时，30min内被杀死；60℃时，20min内被杀死；在堆肥环境下，在很短时间内被杀死
沙门氏菌属(Salmonella sp.)	55℃时1h；60℃时15~20min
志贺氏菌(Shigella sp.)	55℃时1h
大肠杆菌(Escherichia coli)	55℃时1h；60℃时15~20min
内变形虫(Entamoeba histolytica cyst)	45℃时几分钟，55℃时几秒钟
牛带绦虫(Taenia saginata)	55℃时数分钟
旋毛虫幼虫(Trichinella spiralis larvae)	55℃时很快杀死，60℃时瞬间杀死
流产布氏杆菌(Brucella abortus)或猪布鲁氏杆菌(Brucella suis)	62~63℃时3min，55℃时1h
金黄色化脓微球菌(Micrococcus pyogenes var. aureus)	10min，50℃
化脓性链球菌(Streptococcus pyogenes)	0min，54℃
结核分枝杆菌(Mycobacterium tuberculosis var. hominis)	15~20min，66℃；或者短暂加热到67℃
棒状杆菌(Corynenbacterai)	45min，55℃
美洲钩虫(Necator americanus)	50min，45℃
蛔虫(Ascaris lumbricoides)卵	1h，50℃

⑤ 碳氮比。堆肥块的分解过程受碳氮比的影响很大。由于生物利用大约30份碳时生成1份氮，初始碳氮比为30将是最大的，有利于快速堆肥。根据其他条件，研究人员报告了碳氮比为26~31之间的最佳值。碳氮比带来可用碳与可用氮的比率，一些抗生物攻击的形式可能不容易获得。在碳氮比不理想的情况下，秸秆、锯屑、纸张等是可用做碳源的材料，而血液、污泥和屠宰场废弃物是良好的氮源。发达国家的城市垃圾的碳氮比高达80，向其中加入污泥(碳氮比为5~8)，以保持混合物的碳氮比(见表2.10)。

表 2.10　氮含量与碳氮比的关系

初始碳氮比	最后的氮含量,%(干基质量比)	氮气损失,%
20	1.44	38.8
20.5	1.04	48.1
22	1.63	14.8
30	1.21	0.5
35	1.32	0.5
76	0.86	

这部分解决了污水处理和处置的问题，否则需要昂贵的方法，如真空过滤器、压滤机等。印度和其他发展中国家的城市垃圾的初始碳氮比约为30，仅仅在边缘情况下不需要混合。当初始碳氮值较低时，以氨的形式出现氮的损失，因此大部分氮将会损失。污水和污水污泥的添加将涉及气味和臭味、处理和运输成本等问题。即使污水被用做堆肥中的水分来源，大部分污水也必须进行其他处理。有鉴于此，添加污泥不适合发展中国家。自然通风发生在堆积体的表层，而内层由于氧气补充的速度跟不上利用的速度而逐渐变得厌氧。因此，有必要使内层与氧气接触，这是通过翻动堆料通风或供应压缩空气来实现的。在温带地区，堆肥块是封闭的，空气以 $1\sim2m^3/(d \cdot kg)$ 的速度供应。在环境温度足够高的热带地区，堆肥是在周期性翻转的粪堆中进行的。有氧条件可以时隔天打开风窗时维护(因为有很大的孔隙空间)。较长的翻动间隔有助于降低成本。

2.5.2.2　翻动堆肥时的物料布置

2.5.2.2.1　堆肥过程的控制

堆肥过程需要调整，以确保有氧条件，并在完成后停止。如果该过程未得到适当调节，最终碳氮比可能过低或过高。如果最终产物的碳氮比高，过量的碳氮结合倾向于利用土壤中的氮来形成细胞原生质，导致土壤中氮的"掠夺"。当最终碳氮比过低时，该产品无助于改善土壤结构。当粪便或污泥被添加到堆肥块中时，如果高温不能维持一段时间，寄生虫和病原体可能在最终产品中存活。温度和稳定性测试应一起用于测试过程的阶段和完成情况。

2.5.2.2.2　堆肥系统

堆肥系统可大致分为有氧和厌氧两种。在机械堆肥厂发展的初期，采用厌氧和有氧方法的组合[贝卡里(Beccari)法]。坑内堆肥采用厌氧生物法[班加罗尔(Bangalore)法]。有氧系统可以人工操作，也可以机械操作，可以在露天的通风道、矿井或封闭的地坑中操作。热带地区首选开料堆系统，而温带地区则采用封闭式消化系统。有氧堆肥的坑法也被称为印多尔法。

2.5.2.2.3 印多尔和班加罗尔堆肥方法

在班加罗尔方法中,首先在坑底放置一层粗垃圾,深度为5~6cm,坑边宽25cm,深度为7.5cm。粪便在凹陷部分倾倒至5cm厚,抬高的边缘防止其流到侧面。除此之外,还铺了第二层垃圾,将粪便夹在中间。重复这一过程,直到它达到坑边以上30cm的高度。垃圾的顶层至少应为25~30cm厚。肥堆的顶部是圆形的,以避免雨水进入坑中。有时添加表层土壤被用来防止苍蝇繁殖。允许分解4~6个月,之后可以取出堆肥使用。在坑中堆肥的印多尔方法类似于上述方法,它在特定的时间间隔被翻动以帮助维持有氧条件,这将确保高温、均匀分解以及没有苍蝇和气味。当用垃圾和粪便填充时,坑的纵向边上大约60cm保持空闲,以便开始翻动操作。使用长柄耙在4~7天后手动进行第一次翻动,在5~10天后再进行第二次翻动。堆肥将在13~27天内完成后不需要进一步翻堆。垃圾和粪便在通风道中的有氧堆肥也可以使用与坑的尺寸大致相同的通风道进行。有氧堆肥法更适用于无粪便的城市垃圾堆肥。

2.5.2.2.4 机械方法

尽管由于劳动力成本高和空间有限,手工方法在印度很受欢迎,但机械方法在工业化国家更受欢迎。1922年,意大利的贝卡里(Becceri)申请了一项在封闭容器中使用有氧和厌氧分解相结合的工艺的专利。1932年,荷兰的一家非赢利性公用事业公司VAM利用范·马南(Van Maanen)工艺建立了第一座小山规模的工厂。在该工厂中,原始垃圾被堆肥成大堆,由在铁轨上移动的移动式起重机间歇地翻转。达诺(Dano)工艺于1930年出现在丹麦,弗德拉泽·爱渥森(Fdrazer Eweson)工艺于1969年出现在美国。从那以后,已经开发了几种专利方法,使用不同的垃圾制备或消化方法。机械堆肥厂(见图2.2)是旨在执行特定功能的各种单元操作的组合。

2.5.2.2.5 机械堆肥厂的单元操作

从城市进料区收集的垃圾以不同的速度到达工厂,这取决于收集点的距离。然而,堆肥厂必须以统一的投入率运行。因此,有必要有一个平衡储存装置来控制垃圾输入量的波动。为此,一个储料斗的储存时间为8h~24h不等。确切的容量将取决于进厂卡车的时间表、轮班次数以及工厂和垃圾清理系统每周工作的天数。然后,垃圾被输送到一个缓慢移动的(5m/min)传送带上,不可分解的材料(如塑料、纸和玻璃)通常由站在传送带两侧的工人清除。皮带上的材料厚度保持在15cm以下,以便配有手套和其他保护设备的劳动者能够进行手工采摘。移除的材料分开储存,以便可以(如果可能的话)进行商业开发。金属通过以下两种方法去除：悬浮磁铁系统或磁性滑轮系统。在印度垃圾中，金属含量很低，因为大部分是从源头回收的。剩余的金属要么是细小的，要么是不可回收的。磁性去除对低金属含量的废弃物无效，因此在印度不使用。

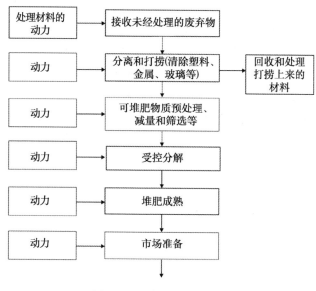

图2.2 机械堆肥厂流程图

玻璃和金属在发达国家的废弃物中占很大比例，为此使用了弹道分离器。材料被用力抛出，根据密度采取不同的轨迹并被分离，但是操作是能量密集型的。嵌在有机物中的玻璃和金属无法分离，使得该装置失效。当每单位重量的表面积增加以加快生物分解时，除去大部分不可分解的材料后的材料会发生尺寸减小。悍马锤磨机以600~1200r/min的速度工作，通过反复锤击减小颗粒尺寸。这些装置很紧凑，但是消耗更多的能量。锉磨机在以4~6r/min的速度移动旋转臂和带有突出销的底板之间剪切材料。这些装置相对较大（直径约为7m，高7m，12t/h）且较重，但单位重量材料消耗的能量较少。锤磨机的资本成本较低，但运营成本高于锉磨机。据报道，由于废物中存在气雾罐，锤磨机发生了一些爆炸。

在通过喷水将水分含量调节到50%~60%后，这种材料现在受控分解。堆肥在以下地方进行。

① 带有强制供气的密闭容器。容器可以是静止的（Earp Thomas），也可以是旋转运动的（达诺系统）。湿度、温度和空气供应持续不断地受到监控。由于环境温度较低，温带地区采用将堆肥块封装在容器中，以保护其免受雨雪影

响。这些条件降低了分解物质的温度，因此也降低了反应速率。

②堆制堆肥。在环境温度较高的热带地区，最好在露天堆制堆肥。为了维持有氧反应，必须以适当的时间间隔转动风筒。热带地区不需要压缩空气供应。可以使用以下方法进行翻动料堆：小型工厂使用铲斗和铲子的体力劳动；前端装载机，铲斗容量为 0.5~0.7m，土方设备发动机功率为 50hp（1hp≈0.735kW，下同）。由于垃圾是轻质材料，其高功率要求将证明是不经济的；翻盖式铲斗，它将提升堆料，在龙门架梁上移动，然后将其放在另一个位置，但它需要对场地进行复杂的结构打造，增加了成本；移动式起重臂起重机固定在适当的位置，并在水平平面内旋转，但这将增加所需起重机数量的成本（例如成对安装在充气轮胎上水平移动的合适框架上的反向移动螺旋钻，水平和旋转运动设有合适的机构）；前部带有旋转滚筒的机器，用于提升废料，并通过倾斜输送机将其传送至机器后端。

搅拌器机构在物料被抛出之前先将物料中的块状物打碎，以改造料堆（见图2.3）。

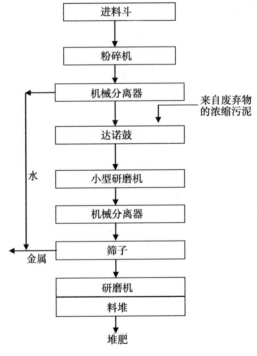

图2.3 中型堆肥厂流程图

在此阶段之前处理的堆肥被称为绿色或新鲜堆肥，其中的纤维素可能还没有完全稳定。这种材料被储存在大尺寸的成排仓库中，再储存1~2个月。根据种植模式,农民每年将使用堆肥 2~3 次。在储存期结束时,这种材料被称为成熟堆肥。成熟的堆肥可以进一步加工以减小尺寸,以适应城市地区的菜园和园艺要求。

2.5.2.2.6 成本效益分析

机械化程度将取决于工业和经济发展、劳动力和能源成本以及社区的社会文化态度。需要将手动和机械方法明智地结合起来,同时适当关注社区的公共卫生方面、工人和产品的使用以及农民的可接受性。更高程度的机械化将需要更高的能源投入,这钟投入应该保持在最低限度。废弃物中有价值和可用物质的再利用和再循环将回收部分生产成本,但不是全部成本。公共卫生保护需要美观清洁的环境,为此社区必须承担费用。利用社区垃圾生产堆肥需要社会分摊成本(见图 2.4)。

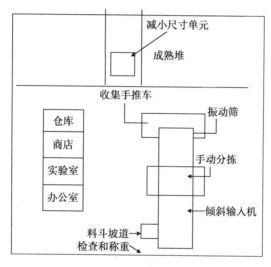

图 2.4 Jaipur 工厂流程图

由于规模、工厂组成、操作方法、劳动力、能源和土地成本以及最终处理方法的不同,很难比较两个不同地点的成本,这可能是因为工业化国家城市垃圾中的有机含量较低。在人口超过 300 万的印度城市,资本成本为 33 万~133 万美元(300 万~1.23 亿卢比)。取决于所涉及的机械化程度,每吨堆肥的生产成本为 2.65~8.88 美元/t(25~80 卢比/t)。

2.5.2.3 蚯蚓堆肥

蚯蚓养殖是指人工饲养或培育蠕虫(蚯蚓)或管理蠕虫。蚯蚓堆肥是一种将有机废弃物转化为肥料的技术。蚯蚓粪是蚯蚓的排泄物,富含腐殖质。蚯蚓堆肥(见图 2.5)是蚯蚓降解有机废弃物的过程,以达到三个目的,即:提高有机废弃物的价值，使其可以重复利用；就地生产升级材料；获得无化学或无生物污染物的最终产品。蚯蚓适合蚯蚓堆肥的特点是：能高比例地抑制有机物；适应环境因素；潜伏期短，从孵化到成熟的时间间隔最短；具有高增长率、消耗率、消化率和同化率；并且具有最小的灭虫时间[初始接种有机废弃物后的静止期(见图 2.6)]。

图 2.5　蚯蚓堆肥

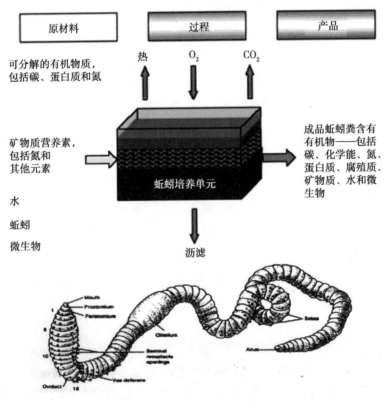

图 2.6　蚯蚓身上重要的部分

常用于害虫堆肥的蚯蚓类型有异唇蚓、非洲地龙、赤子爱胜蚯蚓和亚洲蚯蚓。废弃物产生和堆肥材料的来源见表2.11。

表2.11 废弃物产生和堆肥材料的来源

废弃物的产生		可用于蚯蚓堆肥的废弃物
农业废弃物	农田	残梗、杂草、外壳、稻草；农家肥
	种植园	茎、叶、果皮、果肉和残梗
	动物废弃物	粪便、尿液和沼液
城市固体垃圾		家庭和餐馆的厨房垃圾、市场庭院和礼拜场所的垃圾以及污水处理厂的污泥
农用工业废弃物	食物生产过程	水果和蔬菜的果皮、果皮和未使用的果肉
	植物油厂	压榨泥浆和籽壳
	糖厂	压榨泥浆、细蔗渣和锅炉灰
	啤酒厂和酿酒厂	废洗液、大麦废料、酵母泥
	种子生产厂	提取果实后的核、纸和过期种子
	芳香油萃取	榨油后的茎、叶和花
	椰子壳的纤维工厂	椰子壳纤维

① 蚯蚓堆肥方法。有两种方法用于实际应用：固体废料散布在土壤表面，通过蚯蚓直接混入土壤中进行掩埋和分解；废弃物被堆积成堆或放入垃圾箱，在那里蚯蚓被释放出来，它们被当作堆肥堆处理。

② 选址。任何阴凉、高湿度的地方、茅草屋顶防止阳光直射和雨水。废弃物可以覆盖着潮湿的麻袋。

③ 蚯蚓粪结构。高2.5ft的水泥桶，宽度为3ft，底部为斜坡状结构，为了排出装置中多余的水，需要一个小水池来收集排水。它也可以用木箱、塑料桶或在底部有排水孔的任何容器中(见图2.7)。

④ 将废弃物送入建筑物。应用30%或体积的牛粪混合废弃物。混合废弃物被放置入桶/容器直到边缘，应保持湿度水平60%。在废料上，选择的蚯蚓是均匀放置，对于$1m^3$体空间，可养1kg蚯蚓(需要1000条)(见图2.8)。

⑤ 垫料。容器内提供约3cm厚的锯末或外壳、细砂和花园土壤作为垫料。废弃物在被引入装置之前应该被部分分解，并且堆肥材料被添加到垫层材料之上。进食的蚯蚓只主动吸收5%~10%的养分来生长，其余的以松散的颗粒状土堆的形式排出。1m×1m×0.3m的床需要30~40kg的床上用品和饲料。这可以支持1000~1500条蚯蚓，它们会繁殖并堆肥上层的物质。第一批蚯蚓粪仅在30~40天内就准备好了。根据可用的估计，1kg蚯蚓(1000

个成虫)将在60~70天内产生10kg松散的颗粒土堆。

⑥ 蚓床浇水。蚓床不需要每天浇水,但整个期间应保持60%的水分。蚯蚓粪收获前应停止浇水(见图2.9)。

图2.7 适合于蚯蚓堆肥的蚯蚓

图2.8 亚洲蚯蚓

图2.9 适合蚯蚓堆肥的蚯蚓

⑦ 预防措施。湿度水平应保持在50%~60%左右。温度应保持在20~30℃的范围内。小心轻放蚯蚓，以避免伤害，保护蚯蚓免受蚂蚁、老鼠等捕食者的伤害(见图2.10)。

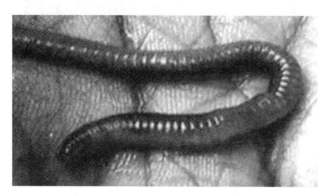

图 2.10 非洲蚯蚓(Eudrillus euginiae)

⑧ 蚯蚓粪的富集。可以富集有益微生物，如固氮菌、固氮螺菌、磷细菌和假单胞菌。对于1t废弃物处理，应在将废弃物放入害虫床后20天接种1kg含有固氮螺菌和磷细菌的偶氮磷(见图2.11)。

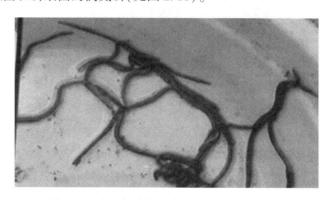

图 2.11 虎蚯蚓或赤子爱胜蚓(Eisenia foetida)

⑨ 蚯蚓粪的收集。在桶堆肥法中，顶层形成的颗粒土定期收集。收集工作可能一周进行一次。颗粒土会定期被铲出，放在阴凉的地方，形成堆状结构。颗粒土的收获应限于顶层蚯蚓的存在。蚯蚓粪的储存和包装收获的蚯蚓粪(见图2.12)应储存在黑暗凉爽的地方。它应该至少有40%的水分，阳光不应该直晒在堆肥材料上，因为它会导致水分和营养的损失(见图2.13)。人们主张将收获的堆肥(见图2.14)材料开放储存，而不是用麻袋包装。包装可以在销售时完成。如果储存在开放的地方，可以定期洒水，以保持湿度水平，并保持有益的微生物湿度群体。如果有必要储存材料，可使用层压麻袋片进行包

装,因为这将最大限度地减少水分蒸发损失。如果水分保持在40%的水平,蚯蚓粪可以储存一年而不损失质量。

图 2.12　蚯蚓放入到蚓床

图 2.13　蚯蚓床的颗粒肥

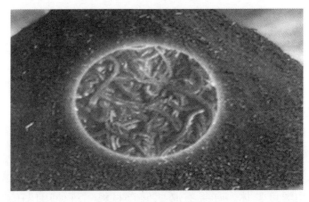

图 2.14　收获蚯蚓堆肥

蚯蚓堆肥的阶段：第一阶段涉及废弃物收集的处理。金属、玻璃和陶瓷的粉碎、机械分离以及有机废弃物的储存。第二阶段通过将有机废料与牛粪浆堆积在一起，将有机废料消化20天。这一过程部分消化材料，使其适合蚯蚓食用。牛粪和沼液干燥后可以使用，湿粪不应用于蚯蚓粪生产。第三阶段是蚯蚓床的制备。需要一个混凝土基座来放置蚯蚓粪制备废料。疏松的土壤会让蠕虫进入土壤，而且在浇水时，所有可溶解的养分都会随水一起进入土壤。第四阶段是蚯蚓粪收集后的蚯蚓收集阶段。提供堆肥材料以分离完全堆肥的材料。部分堆肥的材料将再次放入蚯蚓粪床。第五阶段是将蚯蚓粪储存在适当的地方，以保持水分并让有益微生物生长。

⑩ 蚯蚓粪的营养价值。蚯蚓粪中的营养成分因堆肥制备中使用的废料而异。如果废料是异质的，堆肥中会有各种各样的养分。如果废料是同质的，只有某些营养物质可用。蚯蚓粪中常见的有效养分如下：有机物碳含量为 $9.50 \sim 17.9\%$；氮含量为 $0.50\% \sim 1.50\%$；磷含量为 $0.10\% \sim 0.30\%$；钾含量为 $0.15\% \sim 0.56\%$；钠含量为 $0.06\% \sim 0.30\%$；钙和镁含量为 $22.7 \sim 47.6mg/kg$；铜含量为 $2.00 \sim 9.50mg/kg$；铁含量为 $2.00 \sim 9.30mg/kg$；锌含量为 $5.70 \sim 11.5mg/kg$；硫含量为 $128 \sim 548mg/kg$。蚯蚓粪的优点是它是一种由可生物降解的有机废弃物制成的天然肥料，并且不含化学物质。对土壤、植物或环境没有不利影响。实现了高酸性和碱性土壤的中和。它改善土壤通气性和质地，从而减少土壤压实。由于其高有机基质含量，它提高了土壤的保水能力，促进了更好的根系生长和养分吸收，改善了土壤的养分状况，包括大量养分和微量养分。蚯蚓也被用做宠物食物或鱼饵，因此具有商业价值。与其他生物组分相比，蚯蚓组分具有更高的营养价值。它有更多的有益生物，如固氮菌、固氮螺菌和磷细菌，这些有益生物对蚯蚓粪有好处。

2.5.3 焚烧

焚烧是在超过800℃的温度下，在过量空气(氧气)的存在下直接燃烧废弃物的过程，释放热能，产生惰性气体和灰烬。净能量产量取决于以下几方面因素：废弃物的密度和成分；水分和惰性材料的相对百分比，成分的点火温度、尺寸和形状；燃烧系统的设计(即固定床/流化床)等。实际上，有机物中约 $65\% \sim 80\%$ 的能量可以作为热能回收，热能可以用于直接热应用，或者用于通过蒸汽涡轮发电机发电(典型的转换效率约为30%)。仅由废弃物提供燃料的传统焚烧炉的燃烧温度在炉膛中约为760℃，在二次燃烧室中超过870℃。需要达到这样的温度来避免不完全燃烧产生的气味，但这些温度不足以燃烧甚至熔化玻璃。为了避免传统焚烧炉的不足，一些现代焚烧炉使用补充燃料，产生高达 1650℃ 的高温。这些可以减少 97% 的废弃物量，并将金属和玻璃转化为灰烬。

如果仅仅为了减少体积而燃烧，除了启动之外，可能不需要任何辅助燃料。当目标是蒸汽生产时，由于废弃物的可变能量含量，或者在可用废弃物量足够的情况下，补充燃料可能必须与粉碎的废弃物一起使用。焚烧被广泛用做废弃物处置的一种重要方法，但它与一些环境问题相关的污染排放物有关，尽管程度不同。幸运的是，这些可以通过安装合适的污染控制装置，以及合适的炉子结构和燃烧过程的控制得到有效控制。焚烧厂的基本类型：焚烧炉中既使用固定床炉，也使用流化床炉。现代城市焚烧炉通常是连续燃烧型的，可能有水冷壁装置。最近的进展包括换热流化床燃烧器，由日本一家公司开发。据该公司称，这种燃烧器能够以极高的整体效率完全燃烧低热值或高热值的废弃物。

2.5.3.1　大规模焚烧

在美国和其他几个国家，大约有三分之一的垃圾转化为能源的设施是"大规模焚烧"。垃圾在被送往工厂的同时被焚烧，并未经加工或分离。这些工厂的规模可以每天焚烧多达 3000t 垃圾，并且在一个工厂中使用两个或多个燃烧器。虽然设施的大小是根据预期的垃圾量来确定的，但它们实际上受到垃圾燃烧时产生的热量的限制。一些大规模燃烧工厂从灰烬中去除金属进行回收。大规模燃烧工厂已经在欧洲成功运行了超过 100 年。

2.5.3.2　模块化燃烧单元

模块化焚烧是一种简单的大规模燃烧设备，其容量为 25~300t/d。锅炉建在工厂里，运到工厂现场，而不是像大型工厂那样建在现场。这些设施通常用于小社区。

2.5.3.3　垃圾衍生燃料（RDF）发电厂

在 RDF 工厂，废弃物在燃烧前被处理。不可燃的物品被移除，分离的玻璃和金属用于再循环。可燃废弃物被切碎成更小、更均匀的颗粒以供燃烧。由此产生的 RDF 可以在现场锅炉中燃烧，也可以倒入现场。如果在场外使用，通常通过制粒过程将其致密化成颗粒。制粒包括将进入的废弃物分离成高热值和低热值材料，并分别将其粉碎成几乎单一的大小。然后，混合不同堆的切碎的废弃物进行固化以生产 RDF 粒料。RDF 颗粒的热值约为 4000kcal/kg，取决于废弃物中有机物的百分比、添加剂和工艺中使用的黏合剂材料（如果有的话）。由于制粒通过去除无机材料和水分而丰富了废弃物的有机含量，因此除焚烧外，它也是为热解/气化等其他热化学过程制备富集燃料的非常有效的方法。该方法另一个优点是颗粒可以方便地储存和运输。

相对于大规模燃烧设施，RDF 工厂需要更多的分类和处理，因此在燃烧前有更多的机会从进入的废弃物中去除对环境有害的物质。然而，这不可能完全清除有害物质。几年前，RDF 主要与燃煤锅炉一起使用，但现在由于对空气排放的严格限制，它通常在专门为 RDF 设计和建造的专用锅炉中燃烧。在 RDF 颗粒的情况下，需要确保颗粒不会被任意燃烧或露天燃烧，而只能在专用锅炉中燃烧。

像其他国家一样，印度城市也产生各种各样的废料。然而，在缺乏精心规划的、科学的废弃物管理系统(包括废弃物源头隔离)，以及对废品捡拾、废弃物焚烧和废弃物回收活动的没有任何有效监管和控制的情况下，垃圾场的剩余废弃物通常含有高百分比的惰性物质(>40%)和易腐烂的有机物(30%~60%)。将道路清扫物添加到垃圾箱是常见的做法。纸和塑料大部分被拾起，只有不可恢复的部分留在垃圾中。纸张通常占垃圾的3%~7%，而塑料含量通常不到1%，基于干重的热值(高热值)在 800~1100kcal/kg 之间变化。这种废弃物不能获得自维持燃烧，需要辅助燃料。

然而，随着城市地区废弃物管理问题日益严重，以及人们日益认识到现有废弃物管理做法对公共健康的不良影响，迫切需要改进整个废弃物管理系统，采用先进、科学的废弃物处置方法，包括焚烧。

2.5.3.4 热裂解/气化

热裂解也称为破坏性蒸馏或碳化。它是有机物在大约900℃的高温下热分解的过程。在惰性(缺氧)气氛或真空中，它产生可燃一氧化碳、甲烷、氢气、乙烷和不可燃的二氧化碳、水、氮气、热解液体、化学品和焦油的混合物。热解裂液热值高，是工业燃料油的可行替代品。每种最终产品的数量取决于每种产品的化学组成，并随热解温度、停留时间、压力、原料和其他变量而变化。

气化包括在有限的空气/氧气存在下，在高温下有机物的热分解，主要产生可燃气体(一氧化碳、氢和二氧化碳)的混合物。这一过程类似于热裂解，涉及一些次级/不同的高温(>1000℃)化学过程，这提高了气体输出的热值，增加了气体产量(主要是可燃气体一氧化碳+氢气)和更少量的其他残留物。气体可以被冷却、净化，然后用在内燃机中发电。

热解/气化已经是一种成熟的同质有机物(如木材、纸浆等)的方法，现在也被认为是城市固体废弃物处置的一个有吸引力的选择。在这些过程中，除了净能量回收之外，还确保了废弃物的适当销毁。这些产品易于储存和处理。因此，这些工艺越来越被人们所青睐，以取代焚烧。

迄今为止开发的不同类型热解/气化系统的显著特征如下。

① 加勒特(Garret)快速热解工艺。这种低温热解是由加勒特研发公司开发的。在该公司在加利福尼亚州拉凡尔纳建立的一个4t/d的试验工厂中，固体废弃物最初被粗碎至小于50mm大小，空气被分类以分离有机物/惰性物质，并通过空气干燥器干燥。然后筛选有机部分，通过锤磨机将颗粒尺寸减小到小于3mm，然后在反应器中在大气压下热解。专有的热交换系统能够在500℃将固体废弃物热解保存为黏性油。

② 匹兹堡矿务局能源研究中心开发的热解工艺。这是一种生产燃料油和燃气的高温热解工艺，主要在实验室规模进行研究。废炉料在装有镍铬电阻的熔炉中加热至所需温度。产生的气体在空气阱中冷却，焦油和重油在这里冷凝出来。未冷凝的蒸汽通过一系列水冷冷凝器冷凝，在冷凝器中，额外的油和水溶液被冷凝。在进一步使用之前，气体在静电除尘器中被洗涤。据称，1t干燥固体废弃物产生300~500m³的气体，但这一过程仍有待全面测试。

② 德斯特卢斯(Destrugas)气化系统。在这个系统中，原始固体废弃物首先在一个封闭的棚子中被粉碎或减小尺寸。这个棚子里的空气被吸收作为工厂的进气，以避免气味问题。切碎的废弃物被送入干馏炉(通过在包围废弃物的腔室中燃烧气体间接加热)，废弃物在重力作用下通过干馏炉下沉并进行热分解。产出的气体经过洗涤，大部分(85%)用于加热干馏炉，剩余的15%可用做燃料，矿渣主要由焦炭组成。

2.5.3.5 泥浆碳水化合物工艺

这种方法是由美国的一家公司开发的，用于将城市固体废弃物转化为燃料油。它与湿资源回收工艺结合使用，以分离出可回收物。接收到的废弃物首先被切碎并放入工业碎浆机中。较重且密度较大的无机材料沉入充满水的碎浆机底部，很容易从底部移除。剩余的废浆料(有机部分)经受剧烈的制浆作用，这进一步减小了其成分的尺寸。制浆的有机废弃物再经受高压和高温，由此经历热分解/碳化(缓慢热解)成燃料油。

2.5.3.6 等离子体热解玻璃化(PPV)等离子弧工艺

这是一项新兴技术，利用有机废弃物的热分解进行能源/资源回收。该系统基本上使用等离子反应器，该反应器容纳一个或多个等离子弧焊炬，通过在两个电极之间施加高压，产生高压放电，因此具有极高的温度环境(5000~14000℃)。这个热等离子体区将任何有机物质中的分子分解成单个元素原子，同时所有的物质都融化成熔浆。

废料被直接装入储存罐中的真空中，然后预热，并装配到熔炉中。在熔炉中挥发性物质被气化,并被直接送入等离子弧发生器中,在等离子弧发生器中被电预热,然后通过等离子弧将其分解成元素级。洗涤后的气体输出主要由一氧化碳和氢气组成,液化产物是纯甲醇。据称,整个过程可以安全地处理任何类型的危险或非危险材料。其优点在于由于系统中缺乏氧气,氮氧化物和硫氧化物气体排放不会像正常操作中那样发生。

2.5.4 不同技术方案的比较

不同技术方案的优缺点见表2.12。

表2.12 不同技术方案的主要优缺点

	优点	缺点
厌氧消化	① 高品质土壤改良剂生产中的能量回收。 ② 与好氧堆肥不同,不需要电力,好氧堆肥需要筛选和翻转废弃物堆来提供氧气。 ③ 封闭系统能够收集所有产生的气体供使用。 ④ 控制温室气体排放。 ⑤ 无异味、无啮齿动物、无苍蝇威胁、无可见污染、无社会阻力。 ⑥ 工厂模块化建设和封闭处理需要较少的土地面积。 ⑦ 有积极的环境收益。 ⑧ 可以小规模进行	① 与有氧堆肥相比,释放的热量更少,导致对病原微生物的破坏更低且更不具选择性。然而,现在喜温的温度系统也可以解决这个问题。 ② 不适合含有较少有机物的废弃物。 ③ 需要废弃物分离以提高消化效率
填埋场处理气体回收	① 最低成本选项。 ② 产生的气体可用于发电或直接用做家用燃料。 ③ 不需要高技能人员。 ④ 自然资源被回收到土壤中并循环利用。 ⑤ 把低洼的沼泽地变成有用的领域	① 降雨期间地表径流普遍受到污染。 ② 如果没有适当的沥滤处理系统,土壤/地下水采集者可能会被污染的渗滤液污染。 ③ 低效的气体回收过程产生总气体生成量的30%~40%。平衡气体逸到大气中(两种主要温室气体的重要来源,即二氧化碳和甲烷)。 ④ 大面积土地要求。 ⑤ 到遥远填埋场的巨大运输成本可能会影响生存能力。 ⑥ 提高天然气管道质量和渗滤液处理的预处理成本可能很高。 ⑦ 由于大气中甲烷浓度可能增加而导致的自燃/爆炸

续表

	优点	缺点
焚化	① 最适合高热值废弃物、病理废弃物等。 ② 可以设置连续进料和高通量的装置。 ③ 热能回收用于直接加热或发电。 ④ 相对无声和无味。 ⑤ 土地面积要求低。 ⑥ 可位于城市范围内，降低废弃物运输成本。 ⑦ 卫生	① 最不适合含水/高水分/低热值和氯化废弃物。 ② 过多的水分和惰性物质会影响净能量回收；维持燃烧可能需要辅助燃料支持。对有毒金属的关注，这些金属可能集中在灰烬、排放颗粒、硫氧化物、氮氧化物、氯化化合物中，从氯化氢到二噁英。 ③ 高资本和运营维护（O&M）成本，运行维护所需的熟练人员。 ④ 小型电站的整体效率低
裂解/气化	① 燃气/油的生产可用于各种应用。 ② 与焚烧相比，从技术经济的角度来看，大气污染的控制可以用更好的方式来处理。	① 水分过多的废弃物可能会影响净能量回收。 ② 热解油的高黏度可能会对其运输和燃烧造成问题

2.5.4.1 土地要求

建立任何废弃物处理/处理设施所需的土地面积通常取决于以下因素：

① 总废弃物处理和废弃物处理能力，这将决定各子系统的总体工厂设计/规模；

② 废弃物质量/特性，这将决定预处理的需要，如果需要，应与工厂设计相匹配；

③ 选定的废弃物处理技术，将确定被销毁/转化为能源的废弃物比例；

④ 废弃废弃物、液体流出物和空气排放物的数量和质量，这将决定满足环境污染控制规范的处置/后处理要求的需要。

因此，实际的土地面积要求只能在每个具体项目的详细项目报告中计算出来。对于初步规划，可以考虑300t/d（投入能力）废弃物转化为能源设施的占地面积：焚烧/气化/热解设备，0.8hm^2；厌氧消化工厂，2hm^2；卫生填埋场（包括气体能源回收），36hm^2。

2.5.4.2 沼气利用

沼气的主要成分是甲烷（约60%）、二氧化碳（约40%）和少量氨和硫化氢。沼气的热值约为5000kcal/m^3，具体取决于甲烷的百分比。垃圾填埋场的气体通常热值较低。沼气由于其高热值，具有巨大的潜力，可用做内燃机或燃气轮机发电的燃料。

使用填埋气体/沼气的最简单和最具成本效益的选择是本地气体使用。该选项要求气体通常通过专用管道从收集点输送到气体使用点。如果可能的话，最好使用一个单点，这样管道建设和运行成本就可以降到最低。在将气体输送给用户之前，必须对气体进行一定程度的清洁，冷凝物和微粒通过一系列过滤器和/或干燥器被去除。在这种最低程度的气体净化后，通常会产生35%～50%的甲烷气体质量。甲烷浓度水平通常可用于各种设备，包括锅炉和发动机。虽然气体使用设备通常被设计成处理接近100%甲烷的天然气，但是该设备通常可以容易地调整以处理甲烷含量较低的气体。

如果当地没有天然气用户，管道注入可能是一个合适的选择。如果附近有一条输送中等质量气体的管道，只需进行最少的气体处理，就可以制备用于喷射的气体。管道注入要求气体被压缩到管道压力。

中等质量气体的能量值通常相当于甲烷浓度为50%的填埋气体。注入前，必须对气体进行处理，使其干燥且无腐蚀性杂质。气体压缩的程度和到达管道所需的距离是影响该选择该气体的主要因素。

对于高质量气体，必须从回收气体中去除大部分二氧化碳和痕量杂质。与去除其他污染物相比，这是一个更加困难的过程，因此也更加昂贵。

2.5.4.3　发电

现场发电或通过当地电网配电。

内燃机是填埋气体应用中最常用的转换技术。它们是固定式发动机，类似于传统的汽车发动机，可以使用中等质量的气体发电。虽然它们的功率范围为30～2000kW，但是与垃圾填埋场相关联的内燃机通常具有几百千瓦的容量。

集成电路引擎是一项成熟且经济高效的技术。它们的灵活性，特别是对于小发电厂，使它们成为小型垃圾填埋场唯一的发电选择。在项目开始时，可以使用许多内燃机；随后，随着天然气产量下降，它们可能被逐步淘汰或转移到替代利用场所。内燃机已被证明是可靠有效的发电设备。然而，在内燃机中使用填埋气体会由于填埋气体中的杂质而导致腐蚀。杂质可能包括氯化碳氢化合物，它们在内燃机的高温、高压下会发生化学反应。此外，内燃机在空燃比方面相对不灵活，空燃比随填埋气体质量而波动。一些内燃机也产生大量氮氧化物排放，尽管存在减少氮氧化物排放的设计。

燃气轮机可以使用中等质量的气体来发电，出售给附近的用户或供电公司，或者供现场使用。燃气轮机通常需要比内燃机更高的气体流量，以保持经济性，因此被用于更大的垃圾填埋场。它们的的功率范围为0.5～10MW，但在2～4MW时最有用。燃气轮机发电时消耗的燃料量大致相同。此外，在用于涡轮机之前，气体必须被压缩。

燃料电池，这一新兴技术正在用填埋气体进行测试。这些机组预计将在 1~2MW 容量范围内生产，效率很高，氮氧化物排放量相对较低。它们通过将化学能转化为可用的电能和热能来运作。

大多数燃料和固体废弃物含有硫酸盐，导致 H_2S 含量高达 $1000\mu L/L$，超过这一含量，H_2S 会造成快速腐蚀。虽然从城市固体废弃物中产生的沼气一般不会含有很高比例的 H_2S，但如果沼气含量超过 $1000\mu L/L$，就必须作出适当的清洁安排。需要采取措施从沼气中去除 H_2S，该系统主要应该于化学、生物化学或物理过程。

H_2S 化学处理过程是基于碱、铁或胺对 H_2S 的吸收。应用最广泛的脱硫工艺是胺法，因为它可以选择性地从沼气中吸收 H_2S，并且可以在近大气压下进行。这可以将 H_2S 的含量降低到 $800\mu L/L$。原始沼气经过吸收塔处理，与三乙醇胺溶液反应。吸收器有一个或多个聚丙烯环填料床，以便在气体和液体介质之间提供更好的接触。胺溶液在与沼气反应时，会被 H_2S 和 CO_2 饱和，然后被送到气提塔，在气提塔中通过蒸汽加热脱除 H_2S 和 CO_2 进行再生。酸性气体被排放到烟囱里。重新生成的胺可以重新使用。

H_2S 生化处过程用二次处理的废水来清洁沼气。废水从吸收塔的塔顶喷出来，而原始的沼气则从塔底吹进来。废水净化了沼气，然后被送到曝气池，在那里 H_2S 被转化为硫酸盐。曝气池流出的污水经新鲜处理后部分补充，部分处理。单质硫的形成在洗涤器的外面，因此洗涤器是可用的，没有阻塞作用。

用于净化沼气的各种方法的概述见表 2.13。

表 2.13 沼气净化方法总结

化合物	处理类型	可用的替代物
H_2O	吸收	① 硅胶
		② 分子筛和氧化铝
	吸收	① 乙二醇(在-20℉的低温下)
		② 塞勒克索
	制冷	冷却到 4℉
碳氢化合物	吸收	活性炭
	吸收(所有在-20℉的低温下)	① 精益吸油
		② 乙二醇
		③ 塞勒克索尔
	化合	与乙二醇联合制冷+活性炭吸附

续表

化合物	处理类型	可用的替代物
H_2O 和 SO_2	吸收	① 有机溶剂
		② 碱性盐的解决方案
		③ 链烷醇胺
	吸收	① 分子筛
		② 活性炭
	膜分离-硫磺回收法去除 H_2S	中空纤维膜生化过程

2.6 城市固体废弃物的再生、再利用和能源回收

"回收"一词指的是从混合废弃物中物理分离出一种成分，如黑色金属；而"再利用"指的是把废弃物用化学方法转化成一种新产品，如燃料。

城市垃圾再生多利用的过程大部分是物理手段，而能源回收则是通过各种方法进行的，如在蒸汽焚烧炉中焚烧原垃圾、热解、加氢、控制厌氧消化、从垃圾填埋场回收甲烷等。

2.6.1 都市垃圾的物理分类

都市垃圾的物理分类过程进一步划分为：
① 废弃物成分的初步分离，例如有机和无机组分的分离；
② 特殊组分的二次分离，例如无机组分中黑色金属的磁性分离；
③ 三级分离，用于提升分离部分，如玻璃与陶瓷、石头和骨骼等污染物的分离。有机部分可进一步加工用于能量回收，而无机部分可用于填埋或可进一步加工用于材料回收。

2.6.1.1 二次分离

这种用于分离特定成分的过程由以下一个或多个过程执行：磁选；筛分，超大尺寸包含金属和大部分玻璃的细粒；一个矿物跳汰机，根据不同的比重分离废弃物颗粒；上升的水流或水力分类；重介质分离器，通过选择原料的密度和粒度，可以有效分离玻璃和金属中的有机物、玻璃、不同金属中的玻璃，以及陶瓷和玻璃中的陶瓷。

2.6.1.2 三级分离

本方法是针对有色金属或玻璃碎片的回收再利用而提出的一种无机废弃物处理方法。三个基本的选择是：重介质分离；电动或涡流分离，专为分离铝设计；静电分离。

2.6.2 能量回收

① 燃烧原始垃圾以产生蒸汽：在这个过程中，收集到的垃圾用起重机混合，得到均匀的混合物，然后送入熔炉。最常用的炉是水冷壁炉。燃烧室的壁由数百英尺长的管道组成，水在管道中循环。产生的热量把水转化成蒸汽。加热炉应在 1000℃ 左右运行，这样可以消除燃烧垃圾的可能性，防止煤灰熔化和污染水管。由于城市垃圾含硫量较低，避免了二氧化硫排放问题。然而，使用湿式洗涤器应尽量减少垃圾中含氯物质产生的盐酸。

② 热解：是指有机物质在缺氧环境下的热降解，从而产生液体燃料。在这里，垃圾粉碎后被分成有机部分，含水量为 3%。此外，在磁性去除铁材料后，热解发生在反应器中，其中的有机部分与燃烧的焦炭混合。温度保持在 480℃，防止气态产物热降解。在将热气体通过旋风分离器去除焦炭后，在急冷系统中通过快速冷却气体形成油。这个过程对热解的主要缺点是它需要压力反应器。

③ 气态燃料：气体可通过热解、气化或厌氧消化回收。

④ 从清洁填埋场回收甲烷：这一过程首先在美国洛杉矶实施。研究发现，垃圾填埋场垃圾自然厌氧分解产生的甲烷占垃圾填埋场总出气量的 50%~55%。填埋气体通过一系列含有黏土材料吸收介质的塔来去除水分和二氧化碳。剩下的气体是纯甲烷，通过加压和管道输送到现有的天然气管道系统中。

⑤ 电力：电力可以从城市固体废弃物产生，利用蒸汽涡轮机，或利用废气燃烧直接在燃气轮机发电。

2.6.3 资源回收策略

在实践中，目前的策略是使用填埋方法或焚烧垃圾。这两种方法都是一次性处理的策略，焚化可以减少空气污染，提高资金和运营成本。垃圾填埋场是一个真正的土地复垦过程。涉及资源回收的备选战略可分为四个一般领域：物料回收、能量回收、土地恢复和以上的组合。

物料回收可通过干法分离系统进行，其中有价值的产品通过干法粉碎系统和空气、磁性、静电分离技术回收。焚化炉残渣是利用采矿工业常用的选矿技术来回收金属的过程。

垃圾的能量回收可以通过多种技术来实现。从固体废弃物中回收资源、转换产品和能源的流程如图 2.15 所示。最直接的方法是使用水冷壁焚烧炉作为蒸汽回收的锅炉。这项技术需要附近有一个蒸汽用户。在欧洲，所产生的蒸汽被用于现场涡轮发电。

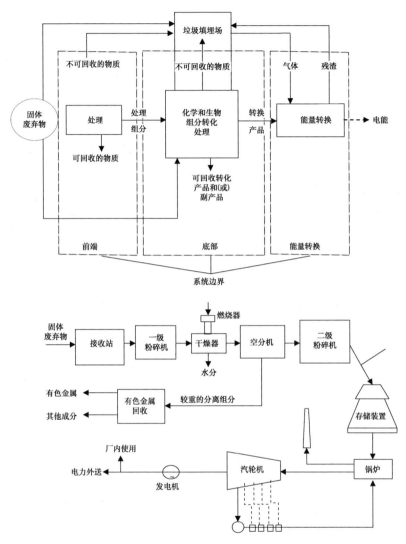

图 2.15 从固体废弃物中回收资源、转换产品和能源的典型流程图
（资料来源：Lunn, Low, Tom and Hara Inc. and Metcalf & Eddy Engineers, Inc）

  另一种能源回收方法是将垃圾转化为燃料，用于其他地方。一种方法是将垃圾撕碎或浸湿，然后作为补充燃料在电力锅炉中燃烧。当用做辅助燃料时，燃烧垃圾所产生的腐蚀性和微粒排放会被主燃料稀释至较为可接受的水平。这在单独燃烧垃圾时是可能的。

  在不同的热解过程中可以找到一种通过粉碎或湿法制浆来制备燃料的替代方法。热解一般可分为无氧或近无氧条件下材料的热分解，如焦炭和木炭炉。

固体废弃物热解的最新进展包括生产石油和生产各种形式的低热量燃料气体的过程。

卫生填埋被认为是固体废弃物处理的最佳方法之一。固体废弃物分解产生各种气体。这些气体包括甲烷、二氧化碳、氮气、氧气和硫化氢。垃圾填埋场产生的气体必须在一些泵井的帮助下被抽走。一般认为，在井的影响范围内发生的所有气体都将被相关井所吸收。

如果要利用填埋气体，必须控制气体的迁移：在边界处或边界外放置不渗透的衬里材料，以防止气体泄漏；有选择地将粒状材料放置在地面或地面以外的地方，以便通风或收集气体；从垃圾填埋场本身疏散和排放气体；从垃圾填埋场以外的周边区域疏散和排放气体；收集的气体通常要经过一定量的预处理，以去除水蒸气、二氧化碳和杂质。这些通常被吸附在氧化铝凝胶和活性炭上。然后，根据气体输送系统的设计和距离，对气体进行压缩。

2.6.4 固体废弃物回收利用

从固体废弃物中回收固体和其他成分，不仅对减少污染至关重要，而且对一个工业的经济管理也很重要。在回收有价值的材料和处置固体废弃物之间进行选择取决于以下三个因素：技术、经济和态度。由于技术和经济的发展取决于固体废弃物的特性、数量和场地位置，因此很难概括出固体废弃物回收利用的程序。虽然技术可能不是一个主要问题，因为有足够的物理和化学方法，但经济是最重要的因素，也是最难分析的。

多数家庭，城市和工业固体废物都被随意处置，而完全不考虑此类行动引起的各种问题。环境破坏、经济考虑和资源保护完全被忽视。在某些情况下，回收过程的可行性是回收低价值废料的高昂成本，因此，无利可图经常决定回收的决策。但是，随着公众对环境问题的认识日益提高，以及污染控制委员会（PCB）对执行法律和法规的兴趣，以及垃圾掩埋和运输成本的快速增长，废物的回收已比处理方法更受青睐。第三个因素是态度，很难量化。即使某种固体废物的回收和再循环在技术上、经济上和商业上都是可行的，但由于各种其他原因(例如偏见、政治、既得利益等)，它还是被忽略了。这是正面评价最困难的领域，对有关人员进行经济和环境惠益教育的过程相当缓慢。

2.6.5 回收与处置

在选择两种替代方案(即回收和处置)之前，必须确定固体废弃物的特性。有时废弃物可能被细分，一部分被回收，另一部分被处理掉。此外，在行业中，区分现场和非现场操作也很重要。在前一种情况下，处置承包商决定并承担处置或回收的经济和生态方面的责任。废弃物可直接或间接回收，也可在内部或外部回收。直接回收的例子是钢铁、玻璃、纸张、塑料、纺织品等行业的工艺废料。同样，在耐火材料工业中，一部分碎细砖的磨细粉被添加到原始黏土中，以提高成品砖的质量。间接内部回收包括规格材料的再加工。电镀化学品的回收就是这样一个例子。外部回收也遵循类似的模式，只是生产商可能没有再加工材料的设施，或者发现在外部加工更经济。在所有这些回收程序中，评估可用替代品的两个主要考虑因素是技术可行性和经济可行性，尽管在大多数情况下，第二个因素是决定性因素。

还有其他因素会影响最终决策，具体取决于个体特征。这些因素是：

① 资金可获得性。虽然间接内部回收可能是一个有吸引力的技术和经济主张，但为这一过程准备的资本可能难以组织。

② 经济能力。采用内部回收可能在经济上不可行。因此，最好调查与其他组织合作开展类似活动的可能性。

③ 研究与开发。为了研究处理废弃物最经济的提议，如果废弃物量很大，可以考虑这个因素。

④ 成本效益分析。在考虑社会问题时，可能有必要准备成本效益分析，甚至为某些废弃物分配人工成本。

⑤ 供求情况。当原材料可以自由获得时，从废弃物中回收和再利用基本成分在经济上可能没有吸引力，但当原材料枯竭，其成本不断攀升时，回收就成为每个运营阶段所必需的。

2.6.6 回收和再循环

从固体废弃物中回收和再利用各种材料可归类为：金属回收；不常见金属的回收；非金属的回收，如塑料、玻璃、纸、橡胶、纤维等；从生活固体垃圾中回收材料；从固体废弃物中回收能源和沼气。

在印度城市，来自家庭和城市垃圾的固体废弃物中的金属含量很低，但工业固体废弃物的金属含量很高。城市和家庭固体废弃物的主要成分是纸张（10%）和碎布（5%），而金属含量往往低于1%。甚至这种金属含量也只是废料或铝，而不是铜。因此，对于印度的情况，金属的回收循环仅用于工业固体废弃物。至于从固体废弃物中回收不太常见的金属，除了在工业区附近的主要城镇，这些材料的含量非常低。但是如果这些材料中的一些具有危险性或毒性，它们应该在经过适当的处理后被回收并妥善处理。

非金属含量是城市垃圾中的主要成分。它们包括纸张、碎布、塑料、植物、有机和无机成分、碎石、玻璃和陶瓷、酒店和医院废弃物等。它们的特征也因城市而异，在同一个城市一年四季都有很大变化。这些固体废弃物应适当分离，各个成分经过适当处理后循环使用。不幸的是，目前在印度的大多数城市中，它们没有实际分离，有用的成分没有被回收和再循环。当废弃物含有大量有机和无机可溶性杂质时，由于腐败和复杂的化合物形成，在雨季和低洼地区，这些杂质通过土壤渗透并污染地下水位。此外，如果还存在一些生物废弃物和医院废弃物，病原体就会形成并引发各种传染病。鉴于所有这些因素，在城市废弃物处置和回收之前，对其进行物理分类和处理是至关重要的。

如果固体废弃物用于热解或焚烧，应注意避免随后出现空气或水污染问题。然而，印度城市的固体废弃物含有非常低的有机物含量，因为大多数纸张、塑料和碎布被小贩捡起，因此能量回收的热量值非常低。

2.7 资源回收的社会经济因素

回收利用的概念和原则是公认的。循环利用在资源保护和环境保护方面的作用也是众所周知的。然而，为了最大限度地回收潜在的残留物，并最大限度地减少所有人类活动中废弃物的形成，应根据关于环境、健康和社会经济考虑的综合方法对战略和政策进行评估。

2.7.1 资源回收系统的经济性

经济性这一因素目前在有关资源回收系统可行性的决策中非常重要。然而，所使用的标准不应仅限于纯粹的成本因素，还应反映包括社会和制造产品在内的隐性成本。这些隐性成本包括污染的社会和经济成本、娱乐设施的剥夺，以及能源和资源的消耗。

为了评估企业的盈利能力，有两个主要的经济因素需要确定：成本和收入。成本通常被评估为资本或固定成本，即运营工厂的成本。收入是市场规模和变现的函数，它们是密切相关的。

可行性数量(Viability quantities)是收入和支出之间的差异，并考虑投资规模、当前商业利率和经济风险等因素。净现值和折现现金流回报率(内部收益率)通常是确定可行性的最佳方法。其他方法包括投资回报率和投资回收期。

2.7.2 资本成本评估

资本成本包括所有建设和设施成本。资本成本包括的不仅仅是建设成本。

完成设施所涉及的重大成本如下（见表2.14）：初步和最终设计；施工和系统管理，包括施工监督、文件编制、产品营销、操作员培训、验收测试；初始库存，包括非过程设备、家具、比例尺房子、实验室、控制中心、工具床、商店、储藏室和初始备件；启动，即6~8个月使工厂满负荷运转；支持实施所需现金流的利息；债券发行成本。

表 2.14 资本成本评价要素

施工成本	设施成本	系统成本
土地开发和动员	初步设计和最终设计施工管理	系统开发工程可行性研究
建筑/结构	实验室设备	市场调查
钢架	办公家具	开发
地基	初始备件和用品	中转站
工艺设备	启动成本	燃料使用转换
管道工程	测试程序	营运资金
暖通空调	测试和分析	资本化利息费用
电气	运行和维护手册	法律费用
升级	运输设备	突发事件
承包商职业健康和职业安全	施工期间维护设备或有利息的财务和法律费用	专项储备资金、融资费用、道路、公用工程业主管理费用

资本成本与规模有关，给定的气相生产量可能需要比相同固体或液体生产量需要体积更大的物理设备。另一个因素是固体材料往往困难更多，因此需要更昂贵的处理系统。

操作成本或可变成本包括产品制造过程中直接或间接产生的所有经常性成本。

在废弃物回收过程中，废弃物作为原材料的成本通常为"零"。当替代处理的成本降低或消除时，负成本可能归因于废弃物。如果可以用这种方式进行充分表达的话，这既可以作为收入计入经营成本的贷方，也可以计入作为原材料成本的借方。

2.7.2.1 营销和产品收入

经济可行性的考验是在公共部门所有制下能否实现收支平衡。竞争力的考验是通过资源回收来处置的成本是否低于通过可能的选择所能达到的成本。市场规模和实现可能是最难评估的领域，尤其是如果不寻常的或新产品刚刚引入市场时。在评估增加获得可靠和准确预测的重要性的程序时，此因素通常最敏感。

回收作为可销售材料的进厂垃圾的比例由运行设备的预期效率和进厂垃圾的平均预期成分所决定(1980年之后)。副产品收入基于每种潜在可回收资源的预期年回收率和每种材料的预期销售价格。这进而是基于对贸易期刊中引用的类似废料价格、与潜在买家的对话以及可能距离之外的运费得出的判断。

作为可销售物料回收的进入垃圾的比例取决于运营工厂的预期效率以及进入垃圾的平均预期成分(1980年之后)。副产品收入基于每种潜在可回收资源的预期年回收率以及每种材料的预期售价。反过来,这是基于对贸易期刊中引用的类似废钢价格的检查、与潜在买家的对话,以及可能的距离上的运费的判断。

前端回收设施的三个收入来源非常重要:首先,可以出售回收的物料;第二,无须处置回收的物料;第三,可以收取垃圾填埋服务的费用(见表2.15)。

表2.15 主要资源和处置方案的比较经济性和可行性

可选项	可行性	净运营/美元
卫生填埋场	①机构:可能有的公民反对潜在的地点。 ②技术:取决于土地的地质特征。 ③经济性:如果设施每天处理100t以上,则可决定每吨节约成本	1.50~8
常规焚烧	①技术:可行。 ②经济性:经济上无法达到新的空气污染标准	8~15
小型焚烧炉	①技术:可行。 ②经济性:因具体情况而异	8~15
水冷壁焚烧炉产生的蒸汽	技术:几个焚烧炉正在运行,只有两个在销售生产的蒸汽	4~10
固体废弃物作为公用设施或工业锅炉中的燃料	①机构:运营商必须与公用事业公司签订电力销售合同。 ②技术:在圣路易斯已经证明了作为煤的补充在公用锅炉中燃烧。 ③经济:实际可行性取决于当地公用事业或用户行业的合作	6~10
热解:固体废弃物转化成可燃气体和油	①技术:200t/d的中试工厂已被论证。 ②经济性:生产的燃料的可运输性和质量是主要因素,具有储存和运输燃料等广泛的市场应用能力。 ③技术:在巴尔的摩,1000t/d的工厂正在稳定运行,遇到了空气污染问题。 ④经济:物流市场有限	4~8

续表

可选项	可行性	净运营/美元
材料回收：新闻纸，瓦楞纸和混合办公用纸	① 技术：如果需要回收瓦楞纸板，可以单独收集。 ② 经济：市场是多变的，当纸价高时，回收可能是有利可图的	4~12
混合纸质纤维	① 技术：技术已在美国俄亥俄州富兰克林的150t/d工厂进行了示范。 ② 经济性：富兰克林工厂的纤维质量很低，仅适用于建筑用途，质量可以通过进一步加工来提高	
玻璃和铝	① 技术：正在开发的技术。 ② 经济学：市场潜力足够，但系统经济性还不确定	7~13

2.7.2.2 技术经济风险

盈利能力与风险投资涉及的风险和不确定性，与成本或资本、通货膨胀率有关。对于已建立的流程，15%~20%的税后回报率对于正常的商业企业来说是可以接受的回报。废弃物回收过程可能被认为风险更大，因此需要更高的回报来证明投资的合理性。最低可接受回报率大约等于资本成本加上通货膨胀率加上风险准备金。因此，这个值在不同的地区有所不同。

2.7.2.2.1 与资源回收设施相关的一些风险领域

① 废弃物数量。当每天的废弃物数量得到保证时，回收工厂的计划在经济上是合理的。政府喜欢以"投入或支付"的方式为工厂摊销提供废弃物，因此必须知道在启动时可用于处理的废弃物量，以及将来可能获得的数量。由于缺乏任何其他可靠的估算依据，通过确定每个资本产生的平均废弃物并将其与人口规模和人口增长估计值相关联来估算废弃物数量。已经注意到使用该估计所需的预防措施，以及使用在给定的一天或一周内测量的费率时所作的权衡。对生活垃圾收集的回顾性分析表明，英国的人均发电量变化不大；在45年的时间里，这个数字仅增加了10%（按体积计50%）。有许多证据表明，输送到工厂的废弃物数量远远低于计划的数量或从全国平均水平估算的数量。预计交付和实际交付之间的巨大差异可能意味着该设施的财务灾难。

② 废弃物的组成。废弃物的组成随着一周的时间、一年的季节、社区的规模和国家的地区而临时变化。随着技术、消费者偏好和消费者富裕程度的变化，这种成分可能会在回收厂的整个生命周期中发生变化。包装材料的数量取决于经济富裕程度和食品配送方式，包括家用冰箱的可用性。食物浪费的数量与这些因素成间接比例，也随着包装和配送的技术和经济变化而变化。

③ 设备的可靠性。工厂中所有设备按规格运行的能力通常很脆弱。任何回收过程都会有残留物，因此需要一个填埋场，也可以用做公共卫生维护的应急处置设施。对于材料分离，可在初始分解期间完成100%转移设施的修改。

④ 符合产品规格的能力。该领域的经验很少，不符合产品规格可能导致拒收和经济损失。有时，如果不使用辅助燃料，就无法满足输送蒸汽或电力的规格，必须提供这种用途。或者，废弃物和蒸汽供应之间的不平衡可能需要在一年中的部分时间内丢弃过剩的容量，以便在一年的剩余时间内具有足够的处理废弃物的能力。

⑤ 回收产品的可销售性。二次材料是原材料的边际来源。因此，需求和价格都会发生变化。有必要采取行动，增加对几个等级的废料的总需求。市场调查应作为可行性研究的一部分进行，使产品，特别是再生燃料适合潜在买家；研究以往及相关工厂的产品和营销经验；对产品数量和市场价值的敏感性测试；并设计能够生产各种产品的灵活工厂。

⑥ 现有和未来的环境立法。管理必须满足未来和不可预见的环境法规的不确定性，可能需要对控制技术进行额外投资，以使工厂遵守法律。对于私营部门来说，这些都是普通的商业风险，但对于公共部门来说，这是一项意想不到和不受欢迎的开支。

⑦ 工厂承包商/运营商停业。如果工厂由私人承包商为地方当局运营，则合同很可能包括某种担保情况，以支付提供加工路线替代处置的费用。资源回收的成本是由所采用的回收技术的资本和运营成本减去回收产品的收入所决定的。对于能源回收系统，对系统的投资越多，能源产品的收入就越高。一个常见的错误是将未来的回收成本与当前的处置成本进行比较。后者将随着通货膨胀和获得新场地难度的增加而增加，第一次回收成本可能高于填埋成本，但经过一段时间后，当预计回收成本低于预计填埋成本时，将达到收支平衡点。

因此，社区必须决定在初期接受较高的回收成本（与替代处置方案相比），作为对未来几年实现收支平衡和降低回收成本的投资。

2.7.2.2.2　发展中国家的选择

虽然清理是一种无组织的操作，可以在系统的所有阶段发生，但资源回收方案必须要认识到这一点，并努力将其纳入到设置中。大规模清理不仅为小型非正规部门提供收入，还减少了对高度机械化回收系统的需求。控制系统中的特定清理点可能很困难，但市政当局制定的一项计划可能是一种解决方案，即将清理者组织成一个公认的群体，并且只允许在垃圾场或处理中心进行清理活动。

在目前的经济形势下,大多数国家将填埋作为最具成本效益的选择。今后应结合当地气候条件、技术条件和经济条件,研究从受控制的堆填区回收沼气的可能性。进一步填海造地已经并将是一个有吸引力的选择。另一种可能性是使用再生燃料作为煤的替代品。西方发达国家经验表明,再生燃料处理比机械化的材料回收系统更便宜。作为预处理步骤,材料回收可回收有价值的金属和其他材料,这些材料可出售给二级材料经销商或工厂。

需要考虑的一个主要因素是发展中国家固体废弃物特性的变化。垃圾在本质上仍主要是有机的,但由于该地区经济活动的增加,在包装中使用纸张和塑料的趋势越来越大。因此,无论选择什么处理方案,都必须能够处理不断变化的废弃物组成。由于大多数资源回收方案都或多或少依赖于恒定的垃圾成分,因此可能有必要回收或添加其他废料(如堆肥和厌氧消化过程中的污泥和农业废弃物),以保持工艺要求。

卡尔回收系统公司(Cal Recovery Systems)的核心小组开发了一种以回收/堆肥为核心的整体回收系统的综合方法,包括热回收和生物回收方法以及可用材料回收。它在方法上是模块化的,在应用上是灵活的。因此,机械化程度可以因地制宜。高效、有组织的清除可以取代机械化程度更高的材料回收装置。然而,目前发展中国家在这方面还没有真正的例子。

2.7.2.2.3 资源回收系统评估

鉴于能源危机和/或一些最近的材料回收系统部分失效,请不要急于将能源回收作为唯一可用的选择。以下内容列出了固体废弃物处理系统选择的相关标准,工程师和社区领导可能会发现这些标准有助于选择一个完整的系统概念,以满足特定情况的需要。

① 经济可行性。考虑到所有因素,最好的系统将是净成本最低的系统,前提是建议的系统将满足其他标准。在某些情况下,卫生填埋可能是最好的解决方案,因为有合适的土地可用,而且回收材料缺乏强大的市场。对于某些地区,综合回收系统可能是唯一在技术和政治上可行的解决方案。资源回收系统越复杂,构建和维护成本就越高,但是最终产品的质量越好,它们在公开市场上的价格就越高,它们就越容易进入市场。对于非常复杂的系统,市场营销是至关重要的,它将有助于规定产品的类型和质量,从而决定系统中使用的必要流程。在安装生产高质量产品的昂贵工艺时,应该谨慎,因为这些产品不存在市场,也没有长期合同。

② 系统的可靠性。考虑从废弃物流中回收有价值的材料是重要和适当的,

但除了吸引市场外，同样有必要坚持经过验证的、可靠的材料处理过程。城市垃圾的产生是一个连续的过程，处理和处置必须是可靠的、连续的和不间断的。

③ 灵活性。许多社区位于气候变化很大的地区，这会导致废料的组成和水分含量发生重大变化。废弃物处理系统必须足够灵活，以处理这种变化。更重要的是，随着消费者习惯的改变、影响废弃物处理实践的立法，以及新技术的出现，废弃物处理系统将会发生变化。今天设计和建造的系统不应该因为无法适应不断变化的投入或利用新技术而过时或失去经济可行性。系统应尽可能设计为前端系统，当这些附加设备可用且可靠时，可以通过下游材料处理的新技术进行补充。

④ 能源优化。无论工厂的根本目的是材料回收还是能源生产，都应最大限度地提高能源回收率，最大限度地减少材料加工过程中的能源消耗。

⑤ 环境可接受性。所有新的固体废弃物过程必须考虑其实施的隐含和明确的环境影响，并且不得建立那些被认为不适合的过程。像能源一样，对环境的关注必须放在更大的背景下看待。

⑥ 系统能源。可用于回收的废弃物总量不是通常估计和正式报告的物质数量，因为并非所有废弃物都可以通过加工收集和汇总。因此，在没有对转换和替代效率进行校正的情况下，不应将收集的废弃物量用做可回收能量的基础。

必须强调的是，没有单一的最佳方法来处理所有的废弃物。这种模式会因当地土地的可获得性以及产生的废弃物的种类和数量而有所不同。在考虑不同的选择时，有必要选择最适合特定情况和一般环境的方法组合。

2.7.2.3　废弃物回收步骤

步骤1：计算废弃物总量。

步骤2：如有必要，对每批货物进行废弃物分析。

步骤3：计算废弃物中每种物质的总量。

步骤4：计算可从废弃物中回收的每种材料的总量。

步骤5：在步骤3和步骤4中确定或估计每种材料的价值。

步骤6：将每种材料的总量乘以该值。这给出了通过出售该材料获得的收入的近似最大值(如果不是所有材料都可以被回收，例如由于稀释)。

步骤7：按降序排列这些值(步骤5)和潜在的最大收入(步骤6)。

步骤8：选择两个列表中综合排名最高的材料。这将确保研究最高价值的材料，这是一个有用的经验法则，值得遵循。

步骤9：设计一个回收这种材料的过程。在这个阶段，只需要一个概要流程图和一些基本的处理数据。重要的是要记住，并非所有的废弃物都需要处理。

步骤10：估算资本和运营成本。

步骤11：估算收入。

步骤12：计算投资回报。这可能是基于简单的百分比回报，或者可以享受一种考虑到补贴和税收优惠的贴现方法。后一种技术是评估项目盈利能力的更现实的方法。

步骤13：如果投资回报具有足够的吸引力，则有理由进行更详细的研究调查，以确认结果(见表2.16)。

表2.16 固体废弃物处理系统的潜在优点和缺点，以及有利于每个系统的条件

选项	潜在优势	潜在的劣势	有利于选择的条件
材料回收系统	减少固体废弃物处理所需的土地。公众认可度很高。通过销售回收材料和减少填埋需求，可降低处置成本	许多操作的技术仍然是新的，没有得到充分的验证。回收材料所需的市场。某些技术需要很高的初始投资。材料必须符合买方的规格	附近有足够数量的再生材料市场。可用于卫生填埋的土地是溢价的。人口稠密地区，确保大量稳定的固体废弃物，以实现规模经济
能量回收系统	可以减少对垃圾填埋场的要求。为能量回收工厂选址可能比为垃圾填埋场或传统焚烧炉选址更容易。与包括固体废弃物焚烧炉和燃烧化石燃料作为能源的系统相比，总污染减少了。可能比无害环境的传统焚烧或偏远的卫生填埋更经济。公众认可度很高。随着化石燃料成本的上升，经济变得更加有利	所需的能源市场。大多数系统不会接受所有类型的废弃物。能源市场的需求可能会决定。系统设计参数复杂。工艺管理要求精细，建设资金审批与满负荷运行之间需要较长时间。许多操作的技术仍然是新的，没有经过验证	人口密集地区保证了大量稳定的固体废弃物利用规模经济优势。可提供稳定的客户以产生能源收入。希望或需要额外的低硫燃料。可用于卫生填埋的土地非常昂贵

步骤14：对于所有材料，最好重复评估程序(步骤8~13)；但对于每吨价值超过100英镑的所有材料，必须重复评估程序。在这个粗略的指导方针下，随着价值的下降，重新盈利变得越来越不可能(见表2.17)。

表 2.17 资源回收操作的比较

过程	优点	缺点
分离	回收许多价值，如金属、玻璃，和再生燃料（RDF）；相对而言，产品能够最大限度地节约资源	产品需要较高成本
堆肥	在土壤腐殖质枯竭的地区，垃圾可以与污水污泥堆肥	价格昂贵，留下一定比例的倾斜；堆肥中的金属含量可能会限制其使用
水解	适用于纸类含量高的垃圾，生产糖、蛋白质、酵母等，用于回收	目前只有理论研究和小型贸易废弃物试点项目
焚烧余热回收	与未经处理的垃圾相比，采用预处理燃料（RDF）可获得更好的区域供热燃烧效率；商业上可获得的设备可以发展成空调系统；大量减少垃圾的无菌焦炭	表面会导致高清洗成本和停机时间；污染问题
焚烧发电	可提供全部电力生产包。良好的系统整体效率，可从物料回收中获得可观的收益，减少垃圾炭渣的体积	汽轮机前气体净化存在严重技术问题；需要新的发电设备；非常高的初始和运行成本
热解产生油和气	传统锅炉只需稍加改造就可使用燃油，现有电厂可使用比焚烧更有价值的产品。前面和后面以及资源回收选项可能包括垃圾和焦炭渣的大量减少。据称整体处置池小于填埋场	未经验证的技术；热解油的腐蚀性和储存性问题；高昂的初始和运行成本；昂贵的进料制备；废水处理问题
热解制气和焦炭/炉渣气化	产品具有中低热值，原料气制备不必要，但可优先选用现有电厂；整体系统效率高，比焚烧更有价值的产品；燃气可用于大多数锅炉类型；可能包括比前端或后端资源恢复选项更先进的技术；气体可用做化学反应；大量减少的焦炭渣	炉渣燃料气体与天然气不相容时的潜在堵塞；没有额外的加工/支出，燃料的储存是不可行的；启动和运行成本高；未经证实的可行性；废水处理问题；必须使用低热值的天然气
固体燃料制备再生燃料	获得制造商和用户的认可后，现有设施可稍加改造后用于产生蒸汽或电力，其他回收材料的收入；整体系统效率高；成本相对较低；再生燃料改善了储存和搬运；成熟的技术；工厂可商业化	未经处理的垃圾堆积密度低，导致储存困难，颗粒物装量以及污染的可能性都将增加。压实/码垛设备仍然存在问题，还存在成本高和未经证实的问题

续表

过程	优点	缺点
厌氧消化产生甲烷	现有的蒸汽或发电计划可以从其他回收材料中获得收益,这些回收材料可能是与二氧化碳排放后的 SNG 兼容的产品	对潮湿和氧气环境敏感;系统整体效率非常低;受二氧化碳污染需要分离的产品;反应速率非常低,需要较大的反应器和较长的停留时间;残留物处理问题,除非使用垃圾填埋场
发酵成化学物质	其他可回收材料收入,技术发达,回收高价值产品	对污染敏感;水基净化的高能耗;高成本;残留物处理问题;可行性令人怀疑

2.8 案例研究

2.8.1 沙特阿拉伯利雅得城市固体废弃物综合管理战略

沙特阿拉伯利雅得正处于大都市地区的快速发展过程中,这带来了重大的环境挑战。人口增长导致垃圾产生大量增加。沙特阿拉伯王国四分之三的人口目前居住在城市,全国总人口的20%生活在利雅得。此外,到2030年,利雅得的人口预计将翻一番,达到约830万人。

该市每年产生约8Mt的垃圾,这些垃圾来自市政、商业、工业和建筑业。市区现有的废弃物管理基础设施仅是最基本的,而露天堆填区设施预计会在约6~7年内达到满负荷运作。对于临时非法处置废弃物正在带来问题,目前的监管和执法取得的成效有限。

为了改善这种情况,并协助阿拉伯里亚德发展管理局,Ricardo-AEA 被任命为沙特阿拉伯利雅得市提供综合废弃物管理战略和实施计划。目标是将所有废弃物视为资源,并最大限度地在经济中重复使用。因此,Ricardo-AEA 将为该市制定一项在实践基础上的可持续垃圾管理战略。该战略的目的是通过废弃物预防、再利用和再循环,以减少或减轻城市内产生废弃物所带来的不利影响。

预计实施该战略将转移越来越多的垃圾填埋场废弃物,同时提高商业、工业和市政部门的资源效率,为材料再利用和回收以及能源回收提供经济机会。

为了保护环境和人民的健康和安全,沙特阿拉伯利内阁批准了所有城市和乡村管理城市固体废弃物的新规定，以保护环境，确保公民和居民的安全。

该法规将确保城市固体废弃物管理的综合框架。这包括废弃物分类、收集、运输、储存、分类、回收和处理。城乡事务部将负责监督固体废弃物管理系统的任务和职责。该部门必须制定适当的计划，教育人们如何正确处理废弃物。例如，建筑废弃物集中处理，并运输到远离城市的处理场地（见图2.16）。

图2.16 （a）施工/拆除场地保持整洁；（b）运输拆迁/建筑材料；（c）垃圾场远离城市

2.8.2 废弃物管理实践：干净整洁的小区

一个小区大约有280栋房屋，经常有人居住的有150栋。每栋房子都有一个垃圾箱，在两栋房子之间，人行道上有一个更大的垃圾箱，供居民将家庭垃圾从他们的房子里转移出去。垃圾从这些垃圾箱中被取走，用卡车放在人行道上，然后然后被扔进位于小区外面的市政转运箱中处理。垃圾一天两次被从市政转运箱中清运走。大约有六个人被派去清扫小区。他们定期履行职责，确保院落整洁。院落内的绿化设施得到妥善保养，而花园的插枝则被分开，并在收费的情况下搬动，弃置于低洼地区。建筑垃圾、拆除垃圾和垃圾被收集在一个单独的手推车里，手推车按付款方式抬起并倾倒在很远的地方。因此，小区总是保持整洁（见图2.17）。

图2.17 (a)小区总是干净整洁;(b)住宅内有黑色袋子的回收箱;(c)两间房屋之间的转运箱;(d)市政垃圾桶;(e)将住户的废弃物倾倒在两间房屋之间的转运箱内;(f)收集废弃物并将其运往市政垃圾桶

2.9 法律规定

印度根据2000年《the Municipal Solid Wastes(Management and Handling)Rules[城市固体废弃物(管理和处理)规则]》和1986年修订的《the Environment(Protection)Act[环境(保护)法]》依法管理城市固体废弃物。

第3章 塑料废弃物

3.1 塑料废弃物介绍

塑料是无处不在的材料，在我们的生活和经济的各个方面都有应用。它们重量轻(节能)且成本低，具有独特的多功能特性。它们在农业、航空、铁路、电信、建筑、电气、电子、医药、卫生、汽车、包装、隔热、家居、家具、玩具等领域都有应用。

近十年来，由于塑料包装价格低廉、使用方便，塑料包装和塑料制品的使用成倍增加。然而，公众并不知道乱扔垃圾对人类和环境的影响。在印度，每年大约消费12Mt塑料产品(2012年)，预计这一数字还会进一步上升。众所周知，约50%~60%的塑料消费被转化为垃圾。塑料的主要用途是提袋、包装薄膜、包装材料、流体容器、服装、玩具、家庭应用、工业产品、工程应用、建筑材料等。确实，传统的(基于石油的)塑料废弃物是不可生物降解的，并且持续多年污染环境。

此外，所有类型的塑胶废弃物都不能循环再造，因此会积聚在露天排水渠、低洼地区、河岸、海岸地区、海滨沙滩等。另外，通过与原始塑料颗粒混合，塑料产品可以进行3~4次回收。因此，每次回收后，其拉伸强度和塑料制品的质量都会变差。此外，由于颜色、添加剂、稳定剂、阻燃剂等的混合，再生塑料材料比原始产品对健康和环境的危害更大。鉴于塑料废弃物处置的严重性，印度中央污染控制委员会(Central Pollution Control Board)与印度中央塑料工程技术研究所(Central Institute of Plastics Engineering and Technology)合作，开展了一项关于该国"60个主要城市塑料废弃物生成的量化和表征"的研究。据报道，这些城市每天大约产生3501t/d塑料废弃物。

3.2 塑料的特性

塑料主要有两种，即通用塑料和特种塑料。通用塑料的种类有聚乙烯、聚丙烯、聚苯乙烯、聚氯乙烯和聚对苯二甲酸乙二醇酯，它们约占塑料的80%。特种塑料是经过工程设计，以丙烯腈丁二烯苯乙烯(ABS)、苯乙烯丙烯腈

(SAN)、聚酰胺塑料管(PA)、聚丁二烯对苯二甲酸酯(PBT)、聚碳酸酯塑料(PC)、聚氨酯(PU)等为特征的特种塑料，它们约占塑料的20%。

3.3 塑料废弃物管理技术

3.3.1 材料回收

3.3.1.1 机械回收

这是一种传统的、最具附加值的技术，被广泛采用。这是最优选和最广泛使用的回收工艺，因为它具有成本效益，并且易于转化为日常使用的有用产品。它需要同质和干净的输入。各种产品有塑料袋、薄膜或遮蔽物、捆扎带、家用电器(水桶、排水管等)。混合塑料废料也可以回收利用，转化成有用的产品，如木材、花园家具等。回收塑料的各个步骤包括：收集—鉴定—分选—研磨—洗涤—干燥—分离—凝聚—挤出/混合—造粒—产品制造。

3.3.1.2 原料回收

选定的分离塑料废弃物被转化为基本单体，重新聚合成新鲜的塑料原料。聚酯就是一个例子。

3.3.2 能量回收

3.3.2.1 水泥窑协同加工

在水泥窑的协同加工中，可以使用各种类型的混合塑料废弃物。在这个过程中，不需要隔离和清洗。与煤炭相比，可以观察到更清洁的排放。以10%的替代率，印度大约170个水泥窑可以处理当日产生的全部塑料废弃物，从而减少了化石燃料的使用。塑料和煤的热值为：聚乙烯，46MJ/kg；聚丙烯，44MJ/kg；聚酰胺(尼龙)，32MJ/kg；聚酯，22MJ/kg；煤，29MJ/kg。

3.3.2.2 热电公司

所有类型的混合塑料废弃物都可以被用来转化为燃料，而不需要精心清洗。催化解聚反应在无氧和低于350℃的温度下进行。这是一个清洁的操作，不可能形成二噁英。据报道称，回收率接近100%(液体、气体和固体)，1L燃料可以产生大约6个单位的电力。

3.3.3 在道路建设中使用塑料废料

所有类型的混合塑料废料都可以用来建造沥青道路，包括聚乙烯、聚丙烯、聚苯乙烯、发泡聚苯乙烯。对于1km长和7ft宽的道路，多层塑料占塑料废弃物总量的15%,使用1Mt塑料废弃物,底层有9Mt沥青。带有密封涂层的道路需要额外的塑料垃圾。

3.3.4 多层塑料包装废弃物的回收利用

以下任何一种回收/再利用工艺都可科学有效地用于多层/层压塑料,如原料回收、燃料转化、能源回收、水泥窑协同加工、沥青路面施工、机械回收、压板/木材成型等。

3.3.5 聚对苯二甲酸乙二醇酯(PET)

这是一种多功能聚合物,适用于各种应用,具有卓越的技术性能。与通用塑料相比,PET产量大并且还有高增长的可能,需要加强固体和危险废弃物管理。PET可用于纤维(纺织品)、工业织物、防水帆布、轮胎帘布、音像胶片、X射线胶片、瓶子和容器、包装用薄膜和模塑制品(结构泡沫、工程项目)。PET可以通过熔体纺丝、挤出、注塑、吹塑、热成型和结构发泡等工艺进行加工。在进行化学回收处理或闭环回收之前,必须进行预处理过程。预处理过程包括:

① 输入控制(检查是否符合规格);

② 非PET分类(金属、其他塑料、包装、颜色分类,如透明、蓝色、绿色);

③ 预洗整瓶(去除标签),研磨薄片(例如低至<10mm);

④ 空气分离(如拆除尼龙隔板);

⑤ 洗涤(脱胶);

⑥ 搅动/沉淀(去除聚烯烃);

⑦ 干燥(如0.7%湿度)。

经过预处理后,PET可以进行化学回收或闭环回收。

3.3.5.1 PET的化学回收工艺

在化学再循环过程中,基础单体被再生,通过水解产生了四乙基佛波醇乙酸酯(TPA)和乙二醇(EG),然后通过糖醇解转化为低聚物。糖化产物用于增值产品,通过氨解转化为特殊的化学中间体。

3.3.5.2 PET的闭环回收

通过源头分离出的PET废瓶通过机械和化学方法收集和处理,以去除任何污染物。清洁后的PET可以熔化并形成具有与原始PET相同物理性质的颗粒。这种再加工材料可以与PET新料一起使用来制造新瓶子。替代回收方案是通过垃圾发电厂回收能源。生命周期清单(LCI)用于比较关键污染物的大气排放量及其对总体环境的影响，显示了可循环利用的选项，从而降低了每个关键污染物的排放量和对总体环境影响。消费后 PET 的闭环回收和热回收的生命周期评估。

3.3.5.3 微波反应器

微波辐射作为一种加热技术，与传统加热相比具有许多优点，例如具有高特异性的瞬时和快速加热，而无需与被加热材料相接触(见表 3.1)。

表 3.1 微波辅助 PET 糖酵解过程中不同时间微波功率对 PET 降解率的影响[①]

序号	功率/W	PET 降解率,%		
		2min	5min	10min
1	50	35	127	100
2	100	32	100	100
3	150	100	100	100
4	200	100	100	100

① 资料来源：Dimitris S，Glycolytic depolymerization of PETwaste in a microwave reactor，J. Appl Polym. 2010；p. 3066-73。

3.3.5.4 PET 到聚氨酯

双(2-羟基乙烯)对苯二甲酸乙二醇酯(bheta)基 PUS 改性的 PUS 具有较高的模量和断裂伸长，是涂料、黏合剂、泡沫和模制品的有用原料。

3.4 法律规定

印度根据 1986 年《Environment(Protection) Act[环境(保护)法]》、1999 年《Plastics Manufacture，Sale and Usage Rules(塑料制造、销售和使用规则)》和 2011 年《Plastic Waste (Management and Handling) Rules[塑料废弃物(管理和处理)规则]》管理塑料废弃物。

第4章 生物医学废弃物

4.1 生物医学废弃物介绍

生物医学废弃物是指在人类或动物的诊断、治疗、免疫过程及有关研究活动中,或在生物制品的生产和测试过程中产生的任何废弃物,包括人体解剖学废弃物、动物废弃物、微生物学和生物技术废弃物、锐器废弃物、废弃药物、细胞毒性药物、污染废弃物、固体废弃物(导管、盐水瓶等)、焚烧灰和化学废弃物等。

所有医院都会产生废弃物,不论其规模如何。由于感染性废弃物和意外针刺导致的伤害,来自医院的废弃物具有更高的感染可能性。医务人员、门禁、门诊、访客、支持服务工作人员、废弃物处理设施工作人员和公众都有感染风险。如果废弃物管理不当,大约可以传播20种血源性疾病。医疗机构的工作人员在接触患者或产生的传染性废弃物时,在工作时间内一直处于危险之中。可能会发生以下类型的职业危害:被感染的锐器(如皮下注射针、手术刀、刀等)意外割伤或刺伤;接触受感染的物质,如病理废弃物、用过的手套、管道等,尤其是来自手术室、床上用品和病人的服装材料,或者来自医生(用于检查、手术等);接触粪便、尿液、血液、脓液等,尤其是在清洁工作中。因此,必须针对职业健康危害提供充分的保护措施。医疗机构的管理部门(大型医疗机构的感染控制官员)应对此进行详细的讨论。

作为医疗和护理人员的安全措施,需要通知并严格遵守以下说明:以通知形式在所有相关区域展示的明确指示;必须发布所有防护服,如手套、围裙、面具等;对所有设备进行消毒,只向医务人员发放适当消毒的设备和工具,如手术工具,并要登记造册;提供质量合适的消毒剂、肥皂等,并提供干净的毛巾/卫生纸;对所有医务工作者进行免疫接种;提供一个洗涤区,医务人员可以在那里淋浴;清洁设备和工具的清洗和消毒设施;定期体检(至少半年一次)。

生物医学废弃物的环境友好管理对保护健康和环境非常重要。适当的生物医学废弃物管理有助于控制医院获得性感染;减少因肮脏的针头和其他不适当清洁或处置的医疗物品对艾滋病、败血症和肝炎的传播;控制通过昆虫、鸟类、老鼠和其他动物传染给人类的疾病;防止非法重新包装和转售受污染的针头;缩短感染周期,避免环境释放有毒物质对健康造成的长期负面影响,如癌症。

根据世卫组织规范,医疗废弃物包括医疗机构、研究机构和实验室产生的所有废弃物。此外,它还包括源自次要或分散来源的废弃物,例如在家庭保健过程中产生的废弃物(透析、胰岛素注射等)。

4.2 生物医疗废弃物管理的变革

可持续生物医学废弃物管理系统的建立得益于规范和组织废弃物管理系统不同要素的国家法律框架。立法通常对允许的行为规定义务和控制,并对背离公认惯例的行为规定制裁。事实上,如果卫生保健部门没有实施法律的资源(资金、物质和知识),或者执法不力,法律将仍然无效。

废弃物相关法律的五项指导原则是:

① 污染者付费原则。这要求废弃物生产商对其废弃物的安全和无害环境处理承担法律和经济责任。每个废弃物生成相关人和组织都有责任确保废弃物的处置不会对环境造成损害。

② 预防原则。该原则的基本原理是,如果怀疑潜在风险的后果很严重,但可能无法准确知道,则应假定这种风险很高。这有助于医疗废弃物生成器实行良好的废弃物收集和处理标准,并为其员工提供健康和安全培训、防护设备和衣物。

③ 注意义务原则。这一原则规定,医疗废弃物的管理人或处理的人以及管理相关设备的人,在其责任范围内,必须妥善处理废弃物。

④ 邻近原则。这一原则背后的理念是危险废弃物(包括医疗废弃物)的处理和处置应在离其产生地最近的方便地点进行,以最大限度地降低对普通人群的风险。这并不一定意味着治疗或处置必须在每个卫生保健机构进行,而是可以在当地或区域或国家共享的设施中进行。

⑤ 对接近原则的延伸。这是期望每个国家都应作出安排,在本国境内以可接受的方式处置所有废弃物,以及事先知情同意原则,也称为"摇篮到坟墓"控制,它引入了以下概念,即所有参与产生、储存、运输、处理的各方,危险废弃物(包括医疗废弃物)的处置应获得许可或登记,以接收和处理指定类别的废弃物。此外,只有获得许可的组织和场所才允许接收和处理这些废弃物。在通知后续各方(如运输、处理和处置运营商和监管机构)废弃物托运准

备就绪之前，任何危险废弃物(包括医疗废弃物)都不应离开废弃物产生地。

国家立法是印度生物医疗废弃物管理实践的基础。它确立了处置的控制和许可。管理废弃物管理的监管框架如下：1974 年《Water（Prevention and Control of Pollution）Act[水（污染防治）法]》(针对废水质量)；1981 年《Air（Prevention and Control of Pollution）Act[空气（污染防治）法]》(针对空气质量)；1986 年《Environment（Protection）Act[环境（保护）法]》；2008 年《Hazardous Wastes（Management, Handling and Transboundary Movement）Rules[危险废弃物（管理、处理和越境转移）规则]》(适用于危险废弃物)；1998 年《Biomedical Wastes（Management and Handling）Rules[生物医学废弃物（管理和处理）规则]》(针对医疗废弃物)；2000 年《Municipal Solid Wastes（Management and Handling）Rules[城市固体废弃物（管理和处理）规则]》(适用于生活垃圾)；2001 年《Battery（Management and Handling）Rules[电池（管理和处理）规则]》(废旧电池废弃物)。

4.3 生物医学废弃物的组织和管理

生物医学废弃物管理是一个从产生到处置的重要过程。需要根据每个医院的可行性选择和最佳可持续治疗技术制定生物医学废弃物管理政策。不鼓励在个别医院最终处置生物医疗废弃物，因为医院距离住宅区很近，以焚化方式处置废弃物会导致环境空气污染。鼓励拥有共同的生物医疗废弃物处理设施（CBMWTFs），以便在远离居民区的一个地方处理所有地区性医院产生的生物医疗废弃物。

中央政府已经制定了指导方针，要求 CBMWTF 在印度的每个地区都能科学地处理和处置生物医疗废弃物。这些设施的建立减轻了生物医疗废弃物生成器的处理负担。然而，医院必须按照生物医疗废弃物管理和处理规则，将废弃物妥善隔离在特定颜色编码的垃圾箱/袋子中，并存放在中央临时储存室，以便共同的生物医疗废弃物处理服务商可以在 48h 内用专用车辆将废弃物从医院运出，并将其运送到远离居民区的设施进行处理和处置。这两个点(从摇篮到坟墓)之间的路径可以被模式化地分割为生物医学废弃物的分类、量化、分离、处理、储存、处理、销毁和处置。

4.4 生物医学废弃物的特性

生物医学废弃物具有非传染性、传染性、危害性和细胞毒性等特点。非传染性废弃物是与生活垃圾类似的废弃物，如包装纸、食品等。感染性废弃物包括病理性废弃物、外科废弃物(身体部位)、锐器废弃物、被血液和体液污染的物品等。细胞毒性和危险废弃物包括化学废弃物，药品废弃物和废弃药品。

4.5 生物医疗废弃物分类

根据1998年《Biomedical Waste(Management and Handling) Rules[生物医疗废弃物(管理和处理)规则]》，生物医疗废弃物被分为10类(见图4.1)：

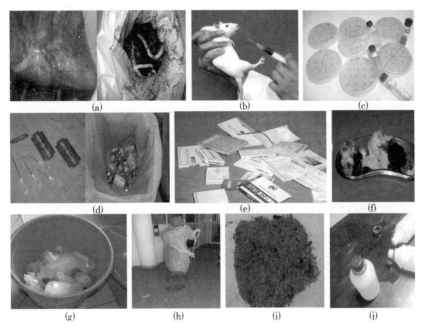

图4.1 生物医学废弃物分类：(a)第1类——人体解剖废弃物；(b)第2类——动物废弃物；(c)第3类——微生物学和生物技术废弃物；(d)第4类——废弃尖锐物；(e)第5类——废弃药物和细胞毒性药物；(f)第6类——污染废弃物；(g)第7类——固体废弃物；(h)第8类——液体废弃物；(i)第9类——焚烧灰；(j)化学废弃物(液体和固体)

第1类：人体解剖废弃物(身体部位、器官、人体组织等)。

第2类：动物废弃物(研究中使用的动物组织、器官、身体部位、尸体、出血部位、液体、血液和实验动物、兽医医院、学院产生的废弃物、医院排放的废弃物、动物房)。

第3类：微生物学和生物技术废弃物(实验室培养物、种群或微生物产生的废弃物)；活疫苗或减毒疫苗；用于研究和工业实验室的研究和感染剂的人和动物细胞培养；生产生物制品、毒素、培养皿和用于转移培养物的装置所产生的废弃物。

第4类：可能导致刺穿和割伤的锋利废弃物（针头、注射器、解剖刀、刀片、玻璃等，包括已使用过的和未使用尖锐物品）。

第5类：废弃药物和细胞毒性药物（由过期、污染和废弃药物组成的废弃物）。

第6类：污染的废弃物（被血液和体液污染的物品，包括棉花，敷料，弄脏的石膏模型，线条，床上用品等）。

第7类：固体废弃物（由一次性物品产生的废弃物，不包括针管、导管、静脉注射装置等废弃尖锐物品）。

第8类：液体废弃物（实验室和洗涤、清洁、内务和消毒活动产生的废弃物）。

第9类：焚烧灰（任何生物医学废弃物焚烧产生的灰）。

第10类：化学废弃物（用于生产生物制品的化学品、用于消毒的化学品、杀虫剂等）。

4.6 生物医学废弃物的量化

对医院/医疗机构中所有单位的调查将有助于识别和量化生物医学废弃物的产生。几乎在所有单位（门诊、病房、手术室、加班室、实验室、重症监护病房等）都产生废弃物，唯一的区别在于类别和数量。就任何医院产生废弃物的类别百分比而言，非传染性废弃物占80%，病理性和传染性废弃物占15%，锐器废弃物占1%，化学或药物废弃物占3%，其他占1%。为了量化生物医学废弃物的产生，应进行废弃物审核。审核将清楚地说明浪费的类型、数量以及产生的地点。

多少钱，从哪里产生的——这些信息将有助于最大限度地减少废弃物，并确定废弃物分离和处理及其放置所需的物品和设备。为了了解每个医疗领域产生的废弃物数量和类型，作为实际生物医疗废弃物管理规划的先导，根据生物医学废弃物（管理和处理）规则，在产生废弃物时按类别用特定的颜色代码对废弃物进行隔离。利用一周时间每天测量每一类袋子，然后推算出一个月的称重。如果分离不好，则取总重量，其中约10%~25%将是传染性废弃物。以下步骤将有助于按数量、类别和单位查找产生的废弃物：

① 确定有多少医疗区域产生医疗废弃物。列出所有部门并研究其活动，废弃物的产生和数量。

② 找出每个地方的垃圾成分。将废弃物分类，至少一周内每天称重，然

后平均每月称重。产生的废弃物在所有产生废弃物的地区并不相同。

③ 除了对固体废弃物评估外,对液体废弃物的评估也是必要的。

每个机构都必须制定一个计划,根据所遵循的医疗活动和程序,对产生的废弃物进行定性和定量调查。为了评估情况和规划生物医学废弃物管理,必须按照规定的时间框架(见表4.1)将以下内容(如适用)纳入调查。

表4.1 区域性废弃物调查频率

地区/部门/单位	数据收集频率
病房(每间)	每个班次
手术区(OT)	每一次手术/手术程序
门诊部(OPD)	每个班次
重症监护病房(ICU)	每个班次
急诊室	每个班次
透析室	每个过程
放射单元	每个过程
实验室(病理学,生物化学)	每个班次
药房/药房配药部	一天一次
厨房	每顿饭后
行政单位和中心商店	一天一次
周围楼宇及花园	一天一次

有关医疗机构应组成一个专家小组,还应包括来自不同部门的人员和工人(医生、化学家、实验室技术员、医院工程师、护士、清洁监督员/检查员、清洁人员等)。如果没有专门知识,可能需要该领域的外部专家的帮助,这些专家可以帮助他们进行调查工作,然后他们可以聘请机构,以合同形式进行整个生物医疗废弃物管理工作。医疗机构必须指定一个合适的地方,将生物医学废弃物暂时存放在封闭空间内。根据需要,它可以是一个大房间或大厅,或者至少是一个有适当围栏的遮阳棚。未经授权禁止进入该空间。应该有充足的光线。该地方应每天清洗和消毒,最好是干燥和清洁。

所有部门产生的废弃物都必须按照现行的收集做法进行收集,但必须注意的是要确保产生的废弃物总量中没有任何一部分被排除在本次调查之外。如此收集的废弃物(液体废弃物及焚化灰除外)须根据1998年《生物医疗废弃物(管理及处理)规则》附表Ⅰ中的分类。

液体废弃物可分为两部分:废弃的液体试剂/化学品和引入排水管的清洁

和洗涤水。第一组分可以在每次丢弃前用量筒或其他合适的测量装置轻松测量，并做好记录。第二组分可以从医院使用的总水量中得出，也可以通过使用适当的流量计得出(见表4.2)。

表 4.2 废弃物产生的分类调查

根据《生物医疗废弃物(管理及处理)规则》附表I的项目	第一班重量/kg	第二班重量/kg	第三班重量/kg	总重量/kg
人体解剖废弃物				
动物性废弃物				
微生物学和生物技术				
废弃尖锐物				
药物和细胞毒性药物				
污秽废弃物				
固体废弃物				
化学废弃物(固体)				
焚烧灰				
液体废弃物				

调查需要每周至少进行3天，然后再进行4周的类似活动。然后对定量数据和定性数据进行汇编。

4.7 生物医学废弃物的分离、处理和储存

一旦生物医学废弃物产生，应该立即采取的步骤是在特定颜色编码的垃圾箱/袋子/容器中分离。人体解剖废弃物和动物废弃物将被收集在黄色垃圾箱/袋中，脏废弃物被收集在黄色或红色垃圾箱/袋中，尖锐废弃物被收集在白色半透明防刺穿容器中，固体废弃物(塑料)被收集在蓝色或红色垃圾箱/袋中。袋和容器应标有生物危害标志。过期的药品和固体化学废弃物在黑色的箱/袋中，上面有细胞毒性标志(见图4.2)。

图 4.2 生物危害和细胞毒性标识

隔离是废弃物管理系统中一个非常重要的因素。上述用于分离的颜色代码的多种选择取决于不同类别废弃物的处理和处置技术。进入焚化炉或深埋的废弃物应该收集在黄色的袋子或箱子里。计划用于高压灭菌、微波炉或化学处理并最终进入安全填埋场或回收利用的废弃物，应收集在红色或蓝色的垃圾桶或袋子中。用于消毒、销毁或粉碎的废尖锐物（如针、刀片等），应收集在防刺穿的白色半透明容器中，该容器将被封装或作为最终处置进行回收。化学废弃物（固体）、过期药物和细胞毒性药物应被收集在黑色的垃圾箱或袋子中，并在安全的填埋场进行处置。除了黑色垃圾箱或袋子要插入细胞毒性标签，其余所有垃圾箱和袋子都应该有生物危害标签。最大限度地隔离对于降低废弃物管理成本、环境影响以及管理的复杂性是非常有效的。根据处理和处置技术，将废弃物分成特定颜色编码的袋或箱的细节如图4.3~图4.7所示。

图4.3　黄箱：（a）第1类——人体和解剖废弃物；（b）第2类——动物废弃物；（c）第3类——微型和生物技术废弃物；（d）第6类——污染废弃物

图4.4　蓝箱（第7类——固体废弃物）

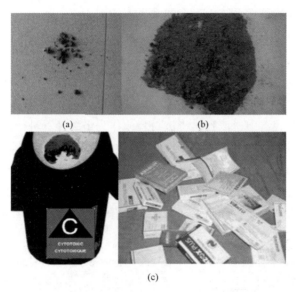

图 4.5 黑箱：(a)第 10 类——化学废弃物(固体)；
(b)第 9 类——焚烧灰烬；(c)第 5 类——废弃药物和细胞毒性药物

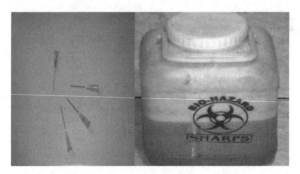

图 4.6 白箱(第 4 类——锐利废弃物)

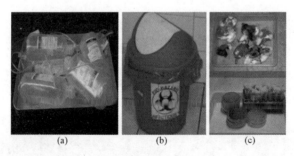

图 4.7 红箱：(a)第 7 类——固体废弃物；(b)第 3 类——微型和生物技术废弃物；
(c)第 6 类——污染废弃物。

根据处理和处置技术的不同，在特定的有色垃圾桶中进行废弃物的分离：

① 黄色塑料袋，无氯(第1类——人体解剖废弃物；第2类——动物废弃物；第3类——微生物和生物技术废弃物；第6类——污染废弃物)，焚烧或深埋处理。

② 蓝色塑料袋(第7类——固体废弃物)，通过高压灭菌或微波或化学处理和销毁或切碎/回收进行处理和处置。

③ 白色半透明防刺穿容器(第4类——尖锐废弃物)，通过高压灭菌或微波或化学处理进行处理和处置，并在安全填埋场进行销毁或切碎/封装。

④ 红色消毒容器/塑料袋(第3类——微生物和生物技术废弃物；第6类——污染废弃物；第7类——固体废弃物)，高压灭菌或微波或化学处理的处理和处置。

⑤ 黑色塑料袋(第5类——废弃药物和细胞毒性药物；第9类——焚烧灰；第10类——化学废弃物)，在安全填埋场处置。

当袋子装满四分之三时，应将其捆扎并提起，并应注意袋子/容器不会超载。生物医学废弃物应该非常小心地处理，并储存在中央临时储存室。将生物医学废弃物从每个单元运送到中央储藏室应使用专用手推车/车辆。手推车不应该超载。在处理生物医学废弃物时，生物医学废弃物和身体(自身)之间应该有一个屏障。应使用标准的防护用品来遮盖自己。

中央临时储藏室的位置应在房舍内指定。它应该上锁，这样未经授权的人就不能进入房间。也不应该有任何动物接近的通道。袋子或容器中的废弃物应储存在中央储存处，储存区域或房间的大小应与产生的废弃物数量和收集频率相适应。对医院内储存设施的建议是：储存区应具有不透水、坚固且排水良好的地板；应该容易清洗和消毒。应该有一个用于清洁的供水系统；储存区应方便负责处理废弃物的人员进出；应该可以锁定储存区域以防止未经授权的人访问；应该可以锁定商店以防止未经授权的人访问；容易进入废弃物收集车辆是必不可少的；应该有防晒的保护；动物、昆虫和鸟类不能进入储藏区；应该有良好的照明和至少被动通风；储存区不应位于新鲜食品库或食品制备区的附近；应在靠近储存区域方便地提供清洁设备，防护服和废弃物袋或容器；细胞毒性废弃物应与其他医疗废弃物分开存放在指定的安全位置。

4.8 生物医疗废弃物的处理、销毁、处置

隔离后，对注射器、针头和塑料废弃物进行处理，进行切割和消毒，以避免重复使用和感染。每类废弃物的各种处理、销毁和处置方法如下所述。

第1类~第3类废弃物应在黄色的垃圾桶或袋子中隔离，并应在48h内焚烧或深埋。深埋方案适用于人口少于500万的城镇和农村地区。没有必要在处理废弃物之前对其进行处理。

第4类废弃物应进行切割和消毒。关于针头和注射器，在注射后，应该用切针刀将针头从轮毂上切下来，使针头和注射器都变得不能使用，因此不能被重复利用。切割的注射器沿着固体废弃物（塑料）进入带有筛子的桶中，该筛子具有至少1%的次氯酸钠溶液或任何其他等效的化学试剂。金属针必须转移到具有至少1%次氯酸钠溶液或任何其他等效化学试剂的防刺穿白色半透明容器中。必须确保化学处理确保消毒。经消毒的针头可以封装到市政安全的垃圾填埋场，也可以交给授权的金属回收商。如果提供了自动禁用的注射器，则可以防止重复使用非无菌注射器，因为它们在使用一次后会自动锁定。玻璃废料（小瓶等）可以交给授权的玻璃回收商。

第5类、第9类和第10类废弃物，要么直接焚化，要么在销毁后放入安全的填埋场。

第6类废弃物通过高压灭菌/微波进行焚烧或消毒，并将其放入安全的填埋场。

第7类废弃物，应销毁塑料废弃物，以确保防止重复使用和消毒，将其保存在至少1%的次氯酸钠溶液或任何其他同等化学试剂中。必须确保化学处理确保消毒。固体废弃物（塑料废弃物）必须经过消毒和粉碎后才能交给授权的回收商。

第8类和第10类废弃物需要按照《生物医学废弃物（管理和处理）规则》中规定的标准进行处理，并排入下水道。液体废弃物的标准如下。

妥善管理生物医学废弃物的各种处理和处置方法见表4.3。

表4.3 生物医疗废弃物的处理和处置方案

废弃物类别	处理	处置
污秽废弃物	高压灭菌器无需处理	城市垃圾焚烧
固体废弃物	在产生源处进行杀菌和消毒	回收工业/市政垃圾填埋场
锐器	在产生源处进行杀菌和消毒	回收/封装
身体部位	不需要处理	焚烧/深埋
动物废弃物	不需要处理	焚烧/深埋
废弃药品	不需要处理	在安全的垃圾填埋场处置
化学固体废弃物	不需要处理	在安全的垃圾填埋场处置
焚烧灰分	不需要处理	在安全的垃圾填埋场处置
普通/生活垃圾		在安全的垃圾填埋场处置

根据中央污染控制委员会发布的指导方针，不鼓励个别医院处理生物医学废弃物，而鼓励使用生物医学废弃物处理中心。深埋的选择是在人口少于 50 万的农村地区。

4.9 生物医学废弃物管理技术

根据生物医学废弃物的种类，已经发展出各种技术来处理、销毁和处置。人体解剖废弃物、动物废弃物、微生物学和生物技术废弃物以及污染废弃物，要么被焚化，要么被深埋。选择深埋的地区是在人口不足 50 万的农村地区。

4.9.1 焚烧炉

燃烧效率(CE)：至少 99.00%。CE＝%CO_2/(%CO_2+%CO)。

温度：主燃烧室，800℃±50℃。

二级气室气体停留时间：在 1050℃±50℃ 时至少 1s，烟道气中氧含量最低为 3%。

最小堆高：离地 30m。

颗粒物：150mg/m^3(标)。

氮氧化物：450mg/m^3(标)。

HCl：50mg/m^3(标)，灰分中挥发性有机化合物不得超过 0.01%。

如有必要，应在焚烧炉上安装/改装适当设计的污染控制装置，以达到上述排放限值。焚烧的垃圾不得用任何氯化消毒剂进行化学处理。氯化塑料不得焚烧。焚烧灰中的有毒金属应限制在 2008 年氯化塑料不得焚烧。焚烧灰中的有毒金属应限制在 2008 年《危险废弃物(管理和处理)规则》中规定的监管数量范围内。焚烧炉中只能使用低硫燃料，如低硫柴油。

4.9.2 深埋坑

应挖出约 2m 深的坑或沟。它应该是半满的废弃物，然后在距离表面 50cm 的范围内用石灰覆盖，然后用土壤填充坑剩余的空间。必须确保动物无法进入坑内。可以使用镀锌铁/金属丝网的盖子。每次在坑中加入废弃物时，应加一层 10cm 的土壤覆盖废弃物。

填埋必须在严密和专门的监督下进行。填埋坑应远离居住区，以确保不会污染地下水。该地区不应容易遭受洪水或侵蚀。该机构应保存所有深埋坑的记录。深埋坑的栅栏必须保持。深埋点应相对不透水，靠近深埋点不得有浅井。深埋地点由规定的机关核定。

4.9.3 高压釜

将微生物学和生物技术废弃物、废弃物尖锐物、污染的废弃物和固体废弃物(塑料废弃物)置于高压釜中进行消毒。在操作真空高压灭菌器时,医疗废弃物应至少经受一次真空脉冲,以清除高压灭菌器中的所有空气。

4.9.4 例行测试

当达到一定温度时,可使用改变颜色的化学指示条/胶带来验证是否达到了特定温度。可能需要在不同位置的废弃物包装上使用多个条带,以确保包装的内部内容物已充分高压灭菌。

4.9.5 验证测试(孢子测试)

本测试涉及嗜热脂肪芽孢杆菌芽孢,使用小瓶或孢子条,至少为10000个孢子/mm。

4.9.6 尖坑

根据医院的要求挖一个坑。坑的四边都应该涂上水泥。直径4in或更大直径的圆柱形金属管固定在坑的顶部。金属管的开口应该有一个锁定设施。切割后,利刃通过管道从防刺穿的半透明容器中沉积在这个坑中。

4.9.7 粉碎机

高压灭菌后,塑料废弃物被切碎。

4.9.8 安全填埋

填埋应限于不可生物降解的惰性废弃物和其他不适合回收或焚烧生物处理的废弃物。垃圾处理设施的残留物也应进行填埋。除非发现混合废弃物不适于废弃物处理,否则应避免填埋混合废弃物。在不可避免的情况下或在安装替代设施之前,填埋应遵循适当的规范。

4.9.9 废液消毒

液体废弃物需要消毒处理,并应符合以下标准:pH值,6.3~9.0;固体悬浮物,100mg/L;油脂,10mg/L;BOD,30mg/L;COD,250mg/L;生物测定试验,100%污水中96h后鱼类存活率90%。

这些限制适用于那些没有与终端污水处理厂的污水渠连接的医院,或者没有连接到公共污水渠的医院。对于排放到带有终端设施的公共下水道,应适用1986年《环境(保护)法》规定的一般标准。

4.10 生物医学废弃物管理所需的工具和设备

管理生物医疗废弃物所需的工具和设备包括:有色箱/袋(见图4.8)(黄色、红色、蓝色和白色半透明防刺穿和黑色),具有生物危害和细胞毒性标识(用于废弃物分离);大塑料容器(用于储存残缺不全和消毒的塑料废弃物);针刀/针头燃烧器(用于销毁针头和注射器);高压灭菌器/微波(用于消毒);次氯酸钠溶液(用于消毒残留物);粉碎机(用于切碎);焚化炉(用于焚烧废弃物);深埋坑(用于掩埋废弃物);锐坑(用于保持消毒和残缺的利器);剪刀(用于销毁塑料废料);保护性辅助设备(用于处理废弃物)。

图4.8 特定的有色垃圾箱和袋子,带有生物危害和细胞毒性标识

4.11 案例研究

4.11.1 典型的常见生物医学废弃物处理设施

图4.9是印度安得拉邦一座普通的生物医疗废弃物处理设施,为790家医院提供服务。该设施每天管理大约5t生物医学废弃物。工作人员使用带有生物危害标识的专用车辆从医院收集生物医学废弃物。黄色包装的废弃物用于焚烧,红色包装的废弃物用于高压灭菌和粉碎,白色半透明垃圾箱中的锐器废弃物被消毒和封装。需要高压灭菌的生物医疗废弃物为1.5t/d。每天约2.5~3t的废弃物用于焚烧。

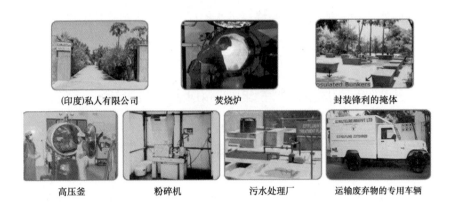

图4.9　印度安得拉邦首个生物医学废弃物处理和管理设施

4.11.2　美国生物医学废弃物管理实践

医院产生的废弃物包括一般废弃物、传染性废弃物、化学品和危险废弃物。所有产生的废弃物不需要管制，但需要处理的废弃物称为"管制医疗废弃物(RMW)"。

美国环境保护部(Department of Environmental Protection，DEP)会同卫生和高级服务部(Department of Health and Senior Services，DHSS)制定了《Regulated Medical Waste Management Act(医疗废弃物综合管理条例)》(N.J.S.A.13：1E-48 et seq.)。职业安全与健康管理局(The Department of Occupational Safety and Health Administration，OSHA)是美国劳工部中不定时更新并引入新规则的机构之一。OSHA有26项不同阶段的法规，从提案到最终规则。应遵守的关于危险材料的规则总结是：所有与工作相关的死亡必须在事故发生后8h内报告，所有与工作相关的住院、截肢或失明必须在事故发生后24h内亲自到最近的OSHA办公室报告。医疗机构必须遵循的其他行动项目是：确保所有员工都接受过危害沟通标准的培训，制定血液传播病原体暴露控制计划，确保员工能够识别生物危害废弃物并应用适当的处置程序，实施安全的医疗废弃物减少措施。DHSS定期检查各医疗机构遵守RMW法规的情况。

4.11.2.1　规范的医疗废弃物管理程序

RMW管理计划旨在减少废弃物量，确保合规性，加强感染控制程序，并优化收集计划和设备放置。

RMW的生产商负责管理所有废弃物，包括离开设施的废弃物，直至其被销毁。正确处理、运输和最终处置RMW的程序是根据《Comprehensive Regulated Medical Waste Management Act(综合管制医疗废弃物管理法)》

(N.J.S.A.13:1E-48)和《NJDEP Solid and Hazardous Waste Rules subchapter(新泽西州环境保护署固体和危险废弃物规则)》"第3A章：管制医疗废弃物"(N.J.A.C.7:26-3A.)制定和实施的。

4.11.2.2 受管制医疗废弃物分类

新泽西州监管医疗废弃物的法规将传染病病原体和相关生物、人类病理废弃物、人类血液和血液制品、针头、注射器和锐器、包括尸体在内的受污染动物废弃物、医院隔离废弃物、未使用锐器的培养物和库存视为管制医疗废弃物。

《The Regulated Medical Wastes subchapter 3A(受管制的医疗废弃物第3A章)》(N.J.A.C.7:26-3A.6)将 RMW 定义为满足过程定义和分类定义的固体废弃物，即从以下过程之一产生的任何固体废弃物：人类或动物的诊断、治疗或免疫；与人类或动物的诊断、治疗或免疫有关的研究；生物制品的生产或测试。此外，过程定义中包含的项目也必须属于以下七类 RMW 之一。

① 第1类：培养和储存(感染剂和相关生物制品的培养和储存；医学或病理实验室的培养；研究实验室的感染因子的培养和储存；生物制品生产产生的废弃物；废弃的活疫苗和减毒疫苗；用于转移、混合或接种培养物的培养皿和设备)。

② 第2类：病理性废弃物(人体病理性废弃物，包括在手术或尸检或其他医疗程序中移除的组织、器官和其他身体部位和体液；体液标本及其容器)。

③ 第3类：人体血液及血液制品(液体废弃物人体血液)；用于或打算用于病人护理、检测、实验室分析或药品开发的含有人血(包括血清、血浆和其他血液成分)的饱和、滴落或结块的物品。静脉袋、软塑料吸管和塑料血瓶也属于这一类。

④ 第4类：锐器(用于动物或人类病人护理或医疗研究或工业实验室治疗的锐器)。包括皮下注射针头、针头可以连接到的所有注射器(有或没有针头)、巴斯德移液管、手术刀刀片、血瓶、卡普耳、带有连接管的针头以及与传染物接触的破裂或未破裂的玻璃器皿(载玻片和盖玻片)。

⑤ 第5类：动物废弃物(已知在研究、生物制品生产或药物测试期间接触过感染剂的动物尸体、身体部位和被褥)。

⑥ 第6类：隔离废弃物(被血液、排泄物、渗出物或人或动物分泌物污染的生物废弃物和废弃材料，这些物质被隔离以保护他人免受某些高传染性疾病的侵害)。

⑦ 第7类：未使用的尖锐物(未使用的、废弃的、打算使用的尖锐物)。

包括皮下注射针、缝合针、注射器和手术刀刀片）。

4.11.2.3 受管制医疗废弃物的分类

生成的 RMW 被分成三个类别，而不是前面提到的七个类别，这三个类别是：类别 1，锐器（4 级和 7 级）；类别 2，流体（大于 20mL）；类别 3，其他 RMW。

每种类型的 RMW 都收集在单独的内部容器中，这些容器最终将放入外部纸板容器中，即：针头、玻璃盖片、手术刀刀片和注射器收集在锐器容器中；培养转移设备、浸血物品和其他与纸或布相关的物品收集在高压灭菌袋或红色 RMW 内衬袋中。皮下注射的针头或注射器在丢弃到锐器容器之前，不会被切碎、弯曲、折断或以其他方式销毁。

4.11.2.4 受管制医疗废弃物的处理

一般情况下，在将 RMW 放入外部纸板容器中以便 RMW 供应商收集最终处理之前，没有必要对其进行处理。

4.11.2.5 受管制医疗废弃物的储存

外部容器存放在一个安全的区域，防止人为破坏及昆虫和啮齿动物所进行的损坏。未经授权的人员不得进入此区域。当储存容器时，它们的标签朝外，这样它们就很容易被看到。容器密封牢固，以防止泄漏或蒸汽泄漏。液体（例如血液）被放入容器中，容器与足够数量的周围吸收材料一起包装，以防止泄漏。每个容器的液体体积不得超过 20mL。《NJDEP Solid and Hazardous Waste Rules subchapter（新泽西州环境保护署固体和危险废弃物规则）》第 3A 章规定：允许 RMW 在现场储存长达 1 年。为了遵守该规定，即使 RMW 容器未满，RMW 制造者每年都要清理 RMW 容器。建议经常清理 RMW 箱。

4.11.2.6 受管制医疗废弃物的包装、标签和标记要求

在 RMW 供应商可以移除 RMW 之前，生成器将所有 RMW 打包。所有针头、注射器、手术刀和任何尖锐物品都包装在适合的防刺穿尖锐物品容器中。未破碎的玻璃以及破碎的玻璃都进行了包装，以防止外部 RMW 容器被刺穿。所有其他物品均包装在高压灭菌袋或其他适当的内部容器中。然后将这些物品包装在适当的医疗废弃物箱中，然后再将其清除。

RMW 供应商将 RMW 的每一个包装运送到异地之前，都要根据以下标签和标记要求用生成器进行标记。准备装运的每个纸箱的最外表面都标有一种特殊的防水标识标签，称为医疗废弃物外容器标签，它提供产生废弃物的医院、建筑物和房间的信息。如果这些标签不可用，则将所需信息直接写在盒子外部。只有不可磨灭的或防水的墨水或标记液才能用来完成这个标签。

生成器也只在内部容器上贴上一个特殊的防水标识标签，称为"医疗废弃物内部容器标签"，该标签提供有关医院、建筑物、房间、电话号码以及废弃物产生地点的联系人的信息。如果这些标签不可用，则所需信息将直接写入内部容器。本标签只能使用不褪色或防水的墨水或标记液。

4.11.2.7 受管制医疗废弃物的运输

供应商将 RMW 运送到经批准的 RMW 焚烧炉进行场外焚烧。新泽西州医疗废弃物跟踪表用于确保将 RMW 妥善运输至适当的处置地点。RMW 供应商将填写跟踪表单。生成器检查跟踪表单上的第 1~14 项，以验证所列信息的准确性。在彻底检查项目 1~14 之后，生成器将项目 15 从跟踪表单上签名。在 RMW 传输器也签署了第 16 项之后，跟踪表单的副本将被提交给生成器。废弃物处理设施收到废弃物收集清单后，会有一名废弃物处理设施代表签署第 22 项。一份副本被邮寄回生成器。从 RMW 运输公司接收废弃物之日起，跟踪表的两份副本都由生成器在生成现场保存至少三年。目的地设施必须在收到 RMW 运输公司的跟踪表后 15 天内将副本 1 发送到生成器。RMW 供应商将根据请求日期收取废弃物，RMW 运输商最多可在 16 天内清除废弃物。如果 RMW 生成器的代表没有签署 RMW 跟踪表格，RMW 供应商将不会收取废弃物。

4.11.3 替代监管医疗废弃物管理技术

下列废弃物处理技术是经新泽西州环境保护署（NJDEP）和 DHSS 授权在新泽西州运行的焚烧替代技术。该技术仅被批准用于处理，因此所有处理过的医疗废弃物必须根据 N.J.A.C.7：26-3A 规章按照 RMW 进行管理，除非灭菌器与经 NJDEP 批准的粉碎机/研磨机一起使用来销毁废弃物。

① 蒸汽灭菌和切碎。从灭菌室抽空空气，并将蒸汽注入室内。将处理过的材料切碎并研磨。

② 化学消毒和机械切碎。将化学消毒剂与废弃物混合，然后将材料切碎并在机械研磨机或锤磨室中研磨。将 RMW 和次氯酸钠投入粉碎机。切碎后，使用更多的化学物质和水，然后分离固体和液体废弃物。

③ 微波和切碎。将废弃物切碎并用蒸汽润湿。然后将材料在处理室中用微波处理并切碎，再在颗粒器中研磨。

④ 蒸汽灭菌。RMW 经蒸汽灭菌。高真空处理蒸发并冷凝液体。将 RMW 干燥并冷却至 170°F（76.67℃）以下（仅批准处理，加工后的医疗废弃物仍必须以 RMW 管理）。

4.11.4 化疗危险品管理

化疗是一种产生有害废弃物的医疗程序。废弃物可能没有传染性，但毒性和腐蚀性很强。如果处置不当，这些废弃物可能对自然资源造成不可挽回的损害。马里兰州化学疗法危险废弃物管理的详细实践如下。

美国环境保护局(EPA)颁布了《The Resource Conservation and Recovery Act (资源保护和恢复法)》(RCRA)，规定了处理被视为危险废弃物的程序。RCRA 有四个具体列为危险物质的清单：氟清单(非特定来源废弃物)、钾清单(特定来源废弃物)、磷清单和铀清单(废弃化学产品)。当涉及化疗时，最有可能处理的是磷列表和铀列表物质，如环磷酰胺、柔红霉素或美法仑。

危险废弃物的特征包括毒性、可燃性、腐蚀性和反应性。医疗废弃物产生者有责任识别这些特有的危险废弃物并进行相应的管理。所有危险废弃物都需要按照环境保护局的要求，在黑色废弃物容器中进行分离、正确包装、贴标签和处理。

化疗废弃物被描述为微量和大量。虽然这些不是 EPA 的官方名称，但这些术语在行业中被广泛使用。

微量化疗废弃物通常包括小瓶、袋、静脉注射管和其他曾经含有化疗药物的物品，但现在被认定为 RCRA 空的。只有经过三次漂洗后，用于盛装磷清单物质的容器才会变成 RCRA 空容器。一个用来装铀元素的容器是 RCRA 空的，当时只剩下不到原来体积的 3%。如果符合适用标准，那么这种废弃物可以被视为微量废弃物，可以作为 RMW 管理，并在黄色容器中处理。否则，应将其作为危险废弃物进行管理。

大量化疗废弃物通常包括用于含有化疗药物且不符合 RCRA 空的物品。其他类型的散装废弃物包括用于清理化学溢出物的材料和明显被污染的个人防护设备。未使用但过期的化疗药物包不一定是危险废弃物。当一种物质不能再使用时，它就变成了废弃物，过期的药物有时可以通过回收程序返还给制造商。

4.11.5 受控物质

这包括吗啡或氢可酮(强力止痛药)和其他麻醉类止痛药，以及某些安眠药，如地西泮、苯并二氮杂卓类劳拉西泮，或被视为高度管制或受控物质的药物。在处置这些和其他药物废弃物时，医疗保健机构要检查这些药物是否按照美国缉毒局(DEA)的时间表列为受控物质。DEA 没有具体说明用于收集这些受控物质的任何特定包装，但对其处置有具体规定。如果该设施定期使用受控物质，则应向 DEA 注册。DEA 注册人之间的处置程序可能不同。

注：联邦法规可能在所有州通用，但不同的州有不同的法规，不同的州根据其资源制定不同的联邦政府法规，并且可能有州特定的废弃物要求。

4.12 法律规定

印度以 1986 年《Biomedical Waste Environment(Protection)Act[生物医学废弃物环境(保护)法]》管理生物医学废弃物。

第5章 危险废弃物

5.1 危险废弃物简介

危险废弃物可被定义为由于其物理、化学、生物或感染性而有可能对人类健康和/或环境造成不可弥补的损害和致残性疾病的废弃物。它是一种被丢弃的物质，其化学性质使其对人类具有潜在的危险。危险废弃物是具有腐蚀性、毒性、易燃性和反应性的物质，对公众健康、安全和环境构成威胁。

如今，超过13000家特许行业每年产生约4.40Mt危险废弃物。这不包括小型企业，如作坊式的冶炼厂等。根据印度政府环境和森林部（Ministry of Environment and Forests, MoEF），大约80%的危险废弃物产生于马哈拉施特拉邦、古吉拉特邦、泰米尔纳德邦、卡纳塔克邦和安得拉邦。不健全的做法造成了环境的普遍恶化，对产业工人和社区的健康产生了不利影响。过去40年左右的经济自由化政策导致了印度工业的快速增长。石油化工、农药、医药、纺织品、染料、化肥、皮革制品、油漆和氯碱的生产显著增长。这些工业产生含有重金属、氰化物、杀虫剂、复杂芳香化合物（如多氯联苯）和其他有毒物质的废弃物。几个有毒废弃物热点地区，如古吉拉特邦的瓦皮和瓦多达拉工业带、马哈拉施特拉邦的塔那和贝拉布尔，以及安得拉邦的帕坦彻鲁和波尔朗姆，都是在这一时期发展起来的。危险废弃物对空气、水、土壤、动植物的不利影响，以及全球环境事件，如日本的水俣湾事件、美国的爱河事件、地中海多氯联苯泄漏事件等全球性环境事件，导致了世界范围内严格的立法。1984年博帕尔灾难后，印度意识到工业危害的危险现实。政府颁布了1986年《Environment(Protection) Act [环境（保护）法]》，并根据该法制定了1989年《Hazardous Waste (Management and Handling) Rules [危险废弃物（管理和处理）规则]》。产生危险废弃物的每个行业都应获得其各自国家污染控制委员会和污染控制委员会的授权。

有害影响的施加既有内在的，也有外在的。"有毒（toxic）"一词通常是指通过干扰正常的身体生理而对人和动物造成严重伤害的有毒物质。某些化学品对人体健康的影响如下：

① 汞可产生不可逆转的神经损伤；
② 肾皮质镉含量在 200mg/kg 左右时出现肾功能障碍，高剂量时出现急性呼吸功能障碍；
③ 铅可产生神经功能损害、胃肠道反应和肾脏疾病；
④ 砷可导致肺癌和其他癌症、皮肤和黏膜疾病、神经影响、血液学影响、视力障碍等；
⑤ 甲醛具有致癌性，对皮肤、眼睛、呼吸道产生刺激；
⑥ 二噁英属于强效致癌物质。

5.2　危险废弃物的管理

工业危险废弃物管理从工业(废弃物产生者)收集废弃物开始，以安全填埋或焚烧方式处置结束。作为一种更好的废弃物管理系统，寻找废弃物再利用/再循环的可能性总是更可取的。废弃物鉴定是确定废弃物危险的第一步，以找出安全处置方法。在处理和管理危险废弃物的同时，必须解决所有活动，如特性描述、收集、运输、接收、处理、储存和处置，包括废弃物稳定化研究、再利用/再循环方案和替代销毁技术等相关活动。

5.3　危险废弃物的特性

1986 年《环境保护法》下的《危险废弃物管理和处理规则》明确指导了根据附表 1(通过工业过程)、附表 2(成分浓度)和附表 3(废弃物的特性)识别危险废弃物。应对工业活动期间产生的废弃物进行测试，以查明废弃物的性质，即是否属于危险废弃物。危险废弃物的重要特征是可燃性、腐蚀性、反应性和毒性。

5.3.1　可燃性

如果废弃物属于下列情况，则将其归类为可燃性危险废弃物：
① 水溶液以外的液体，含 24%(体)的酒精，闪点为 60℃；
② 一种液体，在标准温度和压力下，能够通过摩擦、吸收水分或自发的化学变化引起火灾，点燃时燃烧剧烈且持续，从而造成危险；
③ 可燃压缩气体；
④ 容易产生氧气以刺激有机物(如氯酸盐、高锰酸盐、无机过氧化物或硝酸盐)燃烧的氧化剂；

可燃性可以通过 PenskyMartens 闭杯法和 Setaflash 闭杯法测定。

在PenskyMartens闭杯法中，样品以缓慢、恒定的速率加热，并持续搅拌。小火焰以规则的间隔直接进入杯子，同时中断搅拌。闪点是应用测试火焰点燃样品上方蒸气的最低温度。

在Setaflash杯法中，通过注射器将2mL样品通过防泄漏入口导入紧密封闭的Setaflash测试仪或直接进入杯中，使其低于预期闪点30℃。1min后，在杯子内施加测试火焰，并记录测试样品是否闪烁。

5.3.2 腐蚀性

腐蚀性危险废弃物是指：强酸(pH值≤2)或强碱性(pH值≥12)水溶液；在55℃的测试温度下，一种液体对钢的腐蚀速率为0.635mm/a。

腐蚀性可通过试验确定，试验包括受待评估试验废弃物影响的钢试样(SAE 1020型)，通过测量试样的溶解程度，可以确定废弃物的腐蚀性。

5.3.3 反应性

如果固体废弃物的代表性样品具有以下性质，则该废弃物表现出反应性特征：它通常不稳定，容易发生剧烈变化；它与水反应剧烈；它与水形成潜在的爆炸性混合物；当与水混合时，它会产生有毒气体、蒸气或烟雾，其数量足以对人类健康或环境造成危险；它是一种含氰化物或硫化物的废弃物，当暴露在pH值在2~12.5之间时，可以产生足以对人类健康或环境构成威胁的有毒气体、蒸汽或烟雾；如果受到强烈的引发源或在密闭条件下加热，它能够引爆或爆炸反应；它很容易在标准温度和压力下爆炸或爆炸分解或反应；这是一种禁用的炸药；具有反应性特征的固体废弃物，但未列为危险废弃物。

5.3.4 毒性

毒性特征浸出程序方法(TCLP)适用于测定土壤中金属和半挥发性有机化合物的流动性。对此的完整评估需要两次提取，一次用于挥发性和半挥发性化合物，另一次用于金属。

TCLP测试包括五个步骤，即分离程序(见图5.1)、粒度减小、固体材料的萃取、萃取与剩余固体的最终分离，以及TCLP萃取物的测试/分析。

TCLP测试所需的设备是搅拌设备和提取设备，详细情况如下：

① 搅拌装置必须能够以30r/min±2r/min的"端对端"方式旋转提取容器。标准是防止样品和提取液分层，确保所有样品表面连续接触混合良好的提取液(见图5.2)。

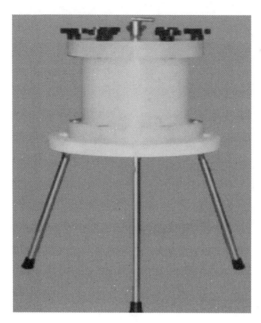

图 5.1 压力过滤单元(用于初始固/液相分离)

图 5.2 旋转搅拌器

② 萃取装置是零顶空间提取容器。这用于测试废弃物的挥发性分析的流动性。零压头萃取允许在设备内进行液/固分离,并允许在不打开内部容积为 500~600mL、可容纳 90~100mm 过滤器的容器的情况下进行初始液/固分离、萃取和最终萃取过滤(见图 5.3)。

图 5.3 零空间式萃取器

5.3.5 危险废弃物测试：参数列表

① 物理化学特征为相对密度/密度、可浸出金属和半挥发性有机物、水分含量、土壤 pH 值、电导率和可氧化有机碳。

② 总凯氏氮、铵态氮、亚硝酸盐氮、硝酸盐氮和磷酸盐等营养物质。

③ 金属，如微波消解金属、王水可消解金属、汞、低温酸可消解金属、乙二胺四乙酸可提取金属、可交换阳离子和阳离子交换能力。

④ 无机物，如水溶性氯化物、硼、溴化物、总氰化物、可溶性氰化物、氟化物、总硫、硫酸盐、硫化物和元素硫。

⑤ 挥发性有机物、半挥发性有机物、有机氯杀虫剂、多氯联苯、有机磷农药和除草剂等有机物。

⑥ 石油碳氢化合物、酚类、邻苯二甲酸酯等。

5.3.6 总水分含量的测定

作为近似分析，需要确定总湿度。暴露于水或被雨水浸湿的样品可能携带自由或可见的水。这种水加上材料中的水分称为总水分。

将已知质量的材料干燥并将质量损失计算为水分。水分可以通过在 108℃±2℃的一个阶段进行干燥，或者通过两个阶段的过程来确定，在此过程中，样品首先在大气条件下进行空气干燥，剩余的水分通过在 108℃±2℃的烤箱中干燥而除去。在后一种情况下，总水分是从空气干燥和烘箱干燥过程中的损失计算出来的。为了测定样品中的水分，采用温度为 200℃±5℃，加热时间为 4h

的自由空间烘箱法。

$$原始样品的总含水量 = X + Y(1 - X/100)$$

式中：X 为空气干燥中原始样品的质量损失，%；Y 为烘箱干燥时风干样品的质量损失，%。

挥发性物质的测定：该方法包括在与空气接触的情况下加热，在 900℃±10℃ 的温度下对危险废弃物的风干样品进行称重，持续 7min。必须避免对称重材料进行氧化，以确保无氧化气氛。

$$挥发性物质 = [100(M_2 - M_3)/M_2 - M_1] - M_0$$

式中：M_0 为风干基础上样品中水分含量，%；M_1 为空坩埚和盖子的质量，g；M_2 为加热前空坩埚、盖子和样品的质量，g；M_3 为加热后空坩埚、盖子和样品的质量，g。

5.3.7 危险废弃物分析

对危险废弃物进行两种分析，即工业生产企业综合分析和一般危险废弃物处理、储存和处置设施经营者特性分析。

5.3.7.1 综合分析

对每一种废弃物进行综合分析是废弃物产生者的责任。这将使人们了解这些废弃物是否有害，并推断出这些废弃物的处理途径。待分析参数列表如下：

① 物理参数，例如物理状态[液体、泥浆、污泥、半固体、固体(不同阶段的描述)]、颜色、质地、废弃物是否是多层的(如果是，则量化每一层)、相对密度、黏度、热值、闪点，以及在 105℃ 和 550℃ 下的灼烧损失等。

② 化学参数(无机)，例如相关的 pH 值、活性氰化物、活性硫化物、硫(元素)、单个无机成分(根据 1989 年修订的《Hazardous Waste(Management and Handling)Rules[危险废弃物(管理和处理)规则]》附表 2)。

③ 化学参数(有机)，例油和油脂、可提取有机物(仅在特殊情况下)、碳、氮、硫、氢、相关的单个有机成分(根据 1989 年修订的《Hazardous Waste(Management and Handling)Rules[危险废弃物(管理和处理)规则]》附表 2)。

④ 用于汞、镉、铬、砷、银、钡、硒、铅、2,4-二硝基甲苯、氯乙烯、甲乙酮、六氯丁二烯、1,2-二氯乙烷、三氯乙烯、氯苯、六氯乙烷、四氯化碳、吡啶、氯仿、1,1-二氯乙烯、四氯乙烯、硝基苯、1,4-二氯苯、2,4,6-三氯酚、五氯酚、甲酚、邻甲酚、间甲酚、对甲酚、2,4,5-三氯苯酚、七氯(及其环氧化物)、内啡烷氯丹、六氯苯、林丹和毒杀芬的 TCLP。

5.3.7.2 特性分析

在处理储存和处置设施(TSDF)接收废弃物后，首先要检查清单、运输应急卡和其他相关文件。然后，对废弃物进行称重，以确认清单中提到的数量。在此之后，卡车被移到采样区收集样品。根据废弃物的类型和状况，必须收集许多样品以获得合理的代表性样品。如果废弃物是多层的，并且似乎与不同的种类混合在一起，所有不同的样品都必须分别收集和分析。特性分析的基本目标是了解是否已收到与废弃物一起提供的综合分析报告相同的废弃物。选定的参数（后面给出的列表）通常会快速执行，因为卡车/集装箱必须等待，直到实验室给出处理路径。根据废弃物接收标准快速得出处理途径的方法是参照主样本进行物理验证，然后是兼容性参数（现场试验方法）、详细分析（根据要求参数）和综合分析报告。

对于特性分析，执行以下测试：

① 物理参数，例如物理状态[液体、泥浆、污泥、半固体、固体（不同阶段的描述）]、颜色、质地、废弃物是否是多层的（如果是，则量化每一层）、相对密度、黏度、热值、闪点，以及在105℃和550℃下的灼烧损失等。

② 化学参数，例如pH值、活性氰化物、活性硫化物、化学兼容性测试或根据需要进行的任何其他测试。

根据物理、化学、活性、毒性和爆炸性，废弃物必须从源头分离。源头隔离是废弃物管理的重要因素之一，因为它避免了产品不同化学成分之间的反应。必须根据其状态进行分离，无论是液体、固体还是半固态。应将干废弃物与湿废弃物分开，以避免发生化学反应或事故。根据废料的大小、水分含量和液体或污泥的密度，识别单个废料成分的特性对分离废料很重要。《Hazardous Waste (Management and Handling) Rules[危险废弃物（管理和处理）规则]》附表提供了将废弃物分为18类的准则。如果产生的废弃物属于一个以上的类别，应根据其反应性或毒性将其分为其中一类。废弃物的分离也应根据废弃物的使用情况进行，即可以将废弃物分离为可重复使用的废弃物、回收废弃物和不再使用的废弃物。可重复利用和可循环利用的废弃物具有商业价值，可以根据法律规定出售。产生的所有材料应立即定期隔离，不得疏忽，以避免各种特性的废弃物混合，避免事故发生。占用人负责处理废弃物。在分离操作期间，操作人员应注意避免身体伤害。员工应接受培训，并配备设备，以防发生事故。在分离时，应记录不同点产生的废弃物的数据及其特征，以便在不同阶段进行提升和收集。一旦分离完成，废弃物应该用合适的罐子、盒子或瓶子来收集。所有的罐子、盒子和瓶子都应该贴上收集的化学物质的详细成分标签，而不要只给出配方。石油产品和其他废油或易燃废弃物应收集到带有警示标志的罐中，并放置在远离火灾的安全地方，并应在此范围内放置通知。不同种类的废弃物收集在不同的罐中,在不同的时间放置在不同的地点。收集的物料不应被撕破或破损,以免废弃物外泄或将内容物从一个地方散播到另一个地方。隔离的废弃物应定期收集,并放置在所有工人无法进入的特定地点。这是将废弃物进一步运送到废弃物处理场址的临时场所。废弃物收集清单应包含有关废弃物类型、生成日期、数量和所收集废弃物质量的信息。废弃物的收集应采用机械方式,避免人工收集。应使用适当的收集设备进行收集,并且不允许其他人员进入。应指定一名训练有素的监督员监督该行业的隔离和收集活动。

5.3.8 危险废弃物分析和表征设备/仪器

用于危险废弃物分析和表征的设备和仪器包括水分/水含量分析器、弹式量热计、闪点装置、TCLP搅拌器、微波消解系统、氢化物发生原子吸收分光光度计/电感耦合等离子体原子发射光谱仪/电感耦合等离子体质谱仪(AAS-HVG/ICPAES/ICP-MS)、零顶空萃取(ZHE)、气相色谱仪。气相色谱质谱仪(GC-MS)和碳-氢-氮-硫(CHNS)分析仪、分析天平、容重仪器/比重计、黏度计、热风炉、KF滴定器、马弗炉、涂料滤纸、pH值计、分光度计、高效液相色谱(HPLC)(具体参数)、可吸附有机卤化物(AOX)分析仪等。

5.4 危险废弃物的储存、运输

在将废弃物识别和表征为危险废弃物之后,它需要特殊的存储、运输和处置,详情如下。

5.4.1 危险废弃物的储存

危险废弃物的储存是指将危险废弃物暂时保存一段时间,在这段时间结束时,危险废弃物得到处理和处置。危险废弃物不应储存在产生的地方。如果储存在用于储存的特定容器中,储存日期要有明确规定,并且每个容器都包含所储存废弃物的标签和标签,则可以允许使用。在废弃物产生之日,应将其从不同行业部门分离收集,并送至中转储存,以方便在"指定"储存点的地点储存。储存区应远离产生地,并明确标明为存放目的。储藏区应每隔一段固定的时间清洗一次。应避免泄漏的容器。不同特性的容器之间应提供空间。储存区应具备控制污染的所有设备,喷水系统和报警系统,以提醒他人。必须定期进行检查,以发现存储系统的缺陷。应在储存地点提供额外数量的容器,以满足需求的迫切性或废弃物的过量产生。

储存危险废弃物的一些重要提示如下:危险废弃物应储存在密封的、兼容的容器中；除添加废弃物外，危险废弃物容器必须始终保持关闭；一旦废弃物开始积聚，就用标签标记危险废弃物容器；用二级容器储存危险废弃物；将不相容的危险废弃物隔离到不同的容器中；切勿累积超过容器容量的60%；确保实验室人员接受适当废弃物处理程序的培训；最大允许数量取决于拟储存的废弃物的类型和性质；最大数量不应超过一卡车；最长储存期应为90天或收集的数量，以较早者为准，只有在特殊情况下才允许储存超过90天；应非常谨慎地储存危险化学品，因为它们容易发生化学反应和爆炸，应明确说明化学品的含量和组成，而不是增加配方；化学品的无限期和不受控制的储存可能会导致问题；优先使用品牌容器或符合特定标准的容器进行存储。

如果实验室延迟确定处置路径，则应在 TSDF 中设置一个临时储存位置，以保留废弃物。在雨季，还需要临时储存，以将废弃物临时储存在有盖和不透水的线棚下。有些情况下，废弃物特性可能不允许填埋或焚烧。此时，在缺乏经证实和认可的处置方法的情况下，这些废弃物的唯一选择是长期储存。这些类型的废弃物被称为难处理的废弃物，因此，必须在设施中提供难处理的废弃物储存。

5.4.2 危险废弃物运输

运输危险废弃物，可以有自己的运输系统，也可以有共同的处理、储存和处置设施。运输是指通过航空、铁路、公路或者水路运输危险废弃物，运输人员是指从事危险废弃物异地运输的人员。经营者或运输者应取得印度污染控制委员会颁发的许可证或授权，或在印度环境和森林部登记。司机、清洁工、助手应接受处理紧急情况或紧急情况下废弃物的培训。

运输只能由指定的专用车辆进行。用于运输的车辆应防漏，并具有承载能力。在装载、运输和卸载过程中，泄漏风险很高。车辆应具有废弃物处理使用通知，并应具有运输人地址通知和电话号码。应包含意外泄漏时所需的急救。应携带执照、许可证和无异议证明文件。

包装和集装箱在运输或装卸过程中应小心搬运，避免破损。运输过程中使用的容器应为低碳钢，具有适当的防腐涂层和防滚盖，可通过铰链式起重机或吊钩提升系统轻松处理各种废弃物。其他包装方式，如收集在 200L 塑料桶、纸板箱、PP 和 HDPE/LDPE 容器等，也适用于各种废弃物。然而，所有这类容器都应符合机械搬运的要求。一般来说，液体危险废弃物的容器应该完全封闭(实际上是密封的)。由于容器内的任何化学反应都不会产生气体，因此不应该需要任何通风口,因为由于温度升高/降低引起的膨胀通常不需要通风口。容器应盖上坚固的盖子或帆布,以避免任何类型的排放物,包括溢出物、灰尘等,并尽量减少装载时和运输过程中产生的气味。用于运输废弃物的容器应该能够承受由于振动效应/路面起伏等引起的冲击载荷,并且在运输和清空过程中应易于搬运。应尽可能减少容器的人工搬运。应使用适当的材料处理设备来装载、运输和卸载集装箱。该设备包括滚筒、推车和叉车;滚筒搬运设备;提升门和托盘。滚筒不应在车辆上或从车辆上滚下。货物应妥善放置在车辆上。危险废弃物容器不得悬空、栖息、倾斜或放置在任何其他不稳定的基础上。应使用皮带、夹子、支撑或其他措施固定负载,以防止移动和损失。集装箱的设计应使其能够安全地放置在运输车辆上。不同的废弃物不得在同一容器中收集。废弃物应分开存放和包装。这是必要的,以确保每个废弃物找到正确的处置点。

所有危险废弃物容器必须清楚标明当前的内容物。这些标记必须是防水的,并且牢固地附着在一起,这样它们才不会被去除。当内容物不同时,应删除以前的内容物标签。容器的正确标记是必不可少的。它应该用本地语言、印地语和英语标注危险废弃物。标签上的信息必须包括废弃物代码、废弃物类型、来源(名称、地址、发电机电话号码)、危险特性(如易燃)和危险特性符号(如带有火焰符号的红色方块)。标签必须能承受雨水和阳光的影响。容器的标签对于跟踪从产生点到最终处置点的废弃物是很重要的。

以下是标签的要求:

① 标签应包含设施的占用人和运营商的姓名和地址,用于处理和最终处置,即容器标签应按照1989年《HW(M&H)规则》表8和修订版的要求提供通用标签。

② 应突出显示紧急联系电话号码,即 SPCB/PCC、消防局、派出所及其他有关机构的有关区域官员的电话号码。

③ 所有危险废弃物容器应配有通用标签,如经修订的《Hazardous Waste(Management and Handling)Rules[危险废弃物(管理和处理)规则]》表8所示。

④ 除非占用者提供了符合《Hazardous Waste(Management and Handling)Rules[危险废弃物(管理和处理)规则]》第7条并经修订的清单的六份副本(带颜色代码),否则运输商不得接受占用者的危险废弃物。运输方应提供一份签署并注明日期的清单副本给生成方,并保留其余四份副本,用于《Hazardous Waste(Management and Handling)Rules[危险废弃物(管理和处理)规则]》中规定的进一步必要行动。副本1(白色)由占用人转发给 SPCB/PCC;副本2(黄

色)由运输商签字并由占用者保留；副本3(粉色)将由设施运营商保留；接收废弃物后，设施操作员将副本4(橙色)返还给运输商；第5份副本(绿色)将由设施运营商在处置后转发给SPCB/PCC；第6份副本(蓝色)由设施运营者在处置后返还给占用者。

⑤在州际运输废弃物的情况下，占用人(废弃物产生者)应严格遵守本规则第7条第(5)款规定的清单制度。

⑥如果将危险废弃物运输到产生废弃物的国家以外的其他国家的设施进行处理、储存和处置，产生者应获得设施所在国的相关国家污染控制委员会或污染控制委员会必要的无异议证书。

⑦运输中的废弃物必须在任何时候都在封闭的容器中，并且只能运送到指定的地点。为了便于识别，车辆最好涂上蓝色，车身中央有15~30cm宽的白色条。车辆应安装安全处理和运输废弃物所需的机械处理设备。

⑧危险废弃物字样应以当地语言、印地语和英语显示在车辆的所有侧面。

⑨应显示设施操作员或运输者的姓名(视情况而定)。严禁载客，仅允许与垃圾运输车相关的人员进入客舱。

⑩卡车应专用于运输危险废弃物，不得用于任何其他目的。驾驶员的学历至少应为10级(SSC)。运输车辆驾驶人应当持有国家公路运输管理部门颁发的重型车辆有效驾驶证，并具有化学品运输经验。

5.5 危险废弃物处理技术

5.5.1 生物处理

生物处理系统使用微生物降解有毒和危险废弃物。新兴技术对于去除污染水、土壤和沉积物的毒性是有效和经济的。天然微生物和基因工程品种在处理含氯有机物方面受到了广泛关注。近年来，人们的兴趣集中在白腐菌黄腐菌分泌的独特的氢过氧化物酶依赖氧化酶上。它能降解木质素复合物和有毒的有机卤化物污染物，如2,4,6-三氯苯酚。美国已经开发了降解多氯联苯的细菌分离物。富营养碱性基因和恶臭假单胞菌降解了土壤中90%以上的多氯联苯。美国已经开发了一种去除五氯酚和相关多环芳烃的微生物方法。受污染的土壤用苛性碱和水制成浆状，放入消化器中，加热至180°F(82.2℃)并搅拌24h。冷却后接种阿尔萨斯杆菌，搅拌48h后脱水。污染物从500mg/L减少到1mg/L。表5.1列出了用于对选定的危险外源性药物进行解毒的各种微生物。

表 5.1　用于对选定的危险外源性药物进行解毒的微生物种类[1]

序号	危险污染物	微生物种
1	酚类	无色杆菌、碱性杆菌、不动杆菌、关节杆菌、固氮杆菌、蜡样芽孢杆菌、黄杆菌、恶臭假单胞菌、铜绿假单胞菌、诺卡氏菌、热带假丝酵母、毛孢子菌、曲霉、青霉和神经孢子菌
2	染料和染料中间体	芽孢杆菌属、佛拉巴氏菌属、假单胞菌属。
3	碳氢化合物	大肠杆菌、恶臭假单胞菌、铜绿假单胞菌、和念珠菌
4	农药：滴滴涕	铜绿假单胞菌
5	农药：利尿隆	球形芽孢杆菌
6	农药：2,4-D	节杆菌和洋葱假单胞菌
7	农药：2,4,5-T	假单胞菌属、大肠杆菌
8	对硫磷	铜绿假单胞菌
9	氰化物	巨大芽孢杆菌、枯草杆菌、假单胞菌、节杆菌、诺卡氏菌、索拉尼镰刀菌、黑曲霉、黑根霉和索拉尼丝核菌
10	二噁英	假单胞菌的突变株(sp. NCIB 9816 株 II)

[1] 资料来源：Brainstorming Session, Environmental Biotechnology, Vol. 1, NEERI, April 1989; Kulla, Hg. Aerobic bacterial degradation of azodyes; Microbial degradation of xenobiotics and recalcitrant compounds (FEMS Symp. Ser. 12) Academic Press, London, 1981; Dioxins. USEPA – 600/2 – 80 – 197. Cincinnati, OH。

5.5.2　物理处理

物理处理方法用于移除而不是破坏。这些方法使用物理特性来分离废液中的成分，其中残留物被分离，然后进一步处理并最终处理掉。重力分离(沉降、离心、絮凝、油/水分离、溶解气浮、重介质分离)、相变(蒸发、气提、蒸汽气提、蒸馏)、溶解(土壤洗涤/冲洗、螯合、液/液萃取、超临界溶剂萃取)和粒度/吸附性/离子特性(过滤、碳吸附、反渗透、离子交换和电渗析)是用于通过物理处理来处理废弃物的各种方法。要采用物理处理，需要对固体、液体、固体和液体混合物以及气体进行一定的数据处理。所需的数据类型见表 5.2。

表 5.2　采用物理处理过程所需要的重要数据

项目	数据需求	目的
对于固体	绝对密度	密度分离
	体积密度	存储容量要求
	尺寸分布	尺寸修改或分离
	易碎性	尺寸减小
	溶解度(在水、有机溶剂、油等中)	溶解

续表

项目	数据需求	目的
对于液体	相对密度	密度分离
	黏性	泵送和搬运
	含水量(或含油量等)	分离
	溶解固体	分离
	沸点/冰点	相变分离、搬运和储存
对于液体/固体混合物	体积密度	储运
	总固形物含量	分离
	固体粒度分布	分离
	悬浮物含量	分离
	悬浮固体沉降速率	分离
	溶解固形物含量	分离
	游离水含量	储运
	油脂含量	分离
	黏性	泵送和搬运
对于气体	密度	分离
	沸腾(冷凝)温度	相变分离
	溶解度(在水中)	溶解

5.5.2.1 重力分离：沉降过程

沉降是重力使较重的固体在容器底部聚集，并与悬浮液分离的一种沉降过程。沉降过程可以是间歇过程或连续去除过程。所需的重要沉降数据见表5.3。

表 5.3 重要沉降数据

数据需求	目的
含水废弃物黏度	高黏度阻碍沉降
废液中的油脂含量	不适用于含有乳化油的废弃物
悬浮物的相对密度	必须大于1才能发生沉淀

沉淀池如图5.4所示。圆形澄清池和盆地沉淀是不同类型的沉淀过程。在沉淀池中，废水流过，同时悬浮固体被重力吸引并沉淀出来，偶尔沉淀颗粒（污泥）被去除。

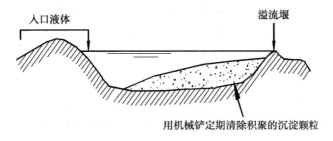

图 5.4 沉淀池

圆形澄清池(见图 5.5)配备有固体去除装置。固体去除装置有助于连续澄清,从而降低出口流体的固体含量。

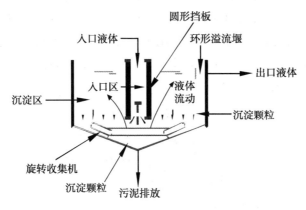

图 5.5 圆形澄清池

沉淀池(见图 5.6)使用带式固体收集器机制,将固体物压到沉淀池倾斜边缘的底部,固体物在此处移动。沉淀处理的效率取决于池的深度和表面积、沉淀时间(基于停留时间)、固体颗粒大小和流体流速。

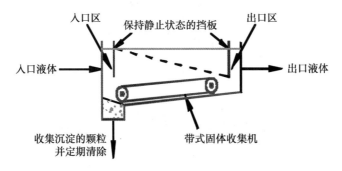

图 5.6 沉淀池

沉淀只是一个分离过程。通常，随后将进行某种类型的含水液体和污泥的处理过程。其局限性如下：使用仅限于密度高于水的固体，不适用于由乳化油组成的废弃物。

5.5.2.2 重力分离：离心分离

离心分离是根据流体混合物的相对密度对其成分进行物理分离。刚性容器内快速旋转的流体混合物使密度较高的固体颗粒沉积在离旋转轴更远的地方，而液体上清液则位于靠近旋转轴的地方。

离心时的向心力类似于沉降时的重力，只是向心力比重力强几千倍，这取决于离心机的直径和转速。离心仅限于污泥(包括含金属污泥)脱水、油与水分离以及黏性树胶和树脂的澄清。离心机通常比真空过滤器更适合脱水黏性或凝胶状污泥。盘式离心机可用于分离三种组分混合物(如油、水和固体)。这一过程的局限性包括离心机通常不能用于澄清，因为它们可能无法去除密度较小的固体和小到足以保持悬浮的固体。如果使用纸或布过滤器，可以提高回收和去除效率(见图5.7)。

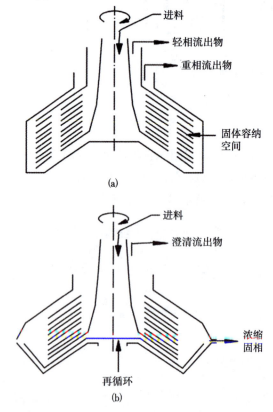

图5.7 盘式离心机转鼓：(a)固体壁分离器；(b)循环澄清器、喷嘴排放

5.5.2.3 分离：絮凝

絮凝主要用于无机物的沉淀。它用于增强沉淀或离心作用。加入絮凝剂的同时混合废弃物流。絮凝剂很容易黏附在悬浮固体上并相互黏附(结块)，产生的颗粒太大而不能保持悬浮。絮凝是一种常规的、经过验证的处理技术。絮凝程度取决于废弃物流的流速、成分和酸碱度。对于高黏性废弃物流，不建议采用该工艺(见表5.4)。

表5.4 重要絮凝数据需求

数据需求	目的
废弃物的酸碱度	絮凝剂的选择
废弃物系统的黏度	影响团聚固体的沉降；高黏度是不合适的
悬浮固体的沉降速率	絮凝剂的选择

5.5.2.4 重力分离：油-水分离

重力可用于分离密度足够不同的两种或多种不混溶液体，例如油和水。当液体混合物沉淀时，发生液-液分离。连续过程中的流速必须保持较低。废弃物流入一个腔室，在那里它保持静止并被允许沉淀。当水或流出物流出腔室下部时，使用撇油器将浮油从顶部撇去。酸可用于打破油-水乳状液，并加强这一过程，以有效地去除油。废水流速、温度和酸碱度会影响效率。如果撇油需要进一步处理，分离是一个预处理过程。移动式分相器在市场上有售。

5.5.2.5 重力分离：溶解气体选浮

溶解气浮包括从废水流中去除悬浮颗粒或混合液体(见图5.8)。待分离的混合物被空气或另一种气体如氮气饱和，然后处理罐上方的气压降低。当空气逸出溶液时，会形成微气泡，并很容易吸附到悬浮固体或油上，从而增强其浮选特性。在浮选室中，分离的油或其他浮体从顶部被撇去，而液态水从底部流出。它仅适用于密度接近水的废弃物。如果存在危险的挥发性有机物，则空气排放控制可能是必要的。这是一个传统的处理过程。

5.5.2.6 重力分离：重介质分离

重介质分离法用于处理两种绝对密度相差很大的固体材料。将混合固体放入相对密度调节的流体中，使较轻的固体漂浮，而较重的固体下沉。通常，分离液或重介质是磁铁矿在水中的悬浮液。通过改变所用磁铁矿粉的数量来调整相对密度。磁铁矿很容易从冲洗水和溢出物中回收，然后再利用。这种分离用于分离两种密度不同的不溶性固体。局限性包括溶解固体和破坏重介质的可能性；存在密度与需要分离的固体相似的固体；由于需要回收磁铁矿，无法经济有效地分离磁性材料。在采矿工业中常用来分离矿石和尾矿。

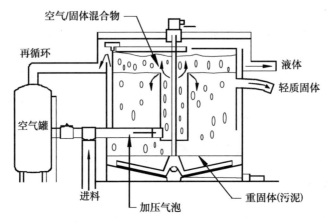

图 5.8 重力分离：溶解气浮选

5.5.2.7 相变：蒸发

蒸发是将液体从溶解的或悬浮的固体中分离出来，利用能量使液体挥发（见图 5.9）。蒸发可用于在两个阶段之一分离有害物质，如果有害废弃物挥发，可简化后续处理。这个过程通常称为剥离。蒸发可以应用于任何液体和挥发性固体的混合物，只要液体的挥发性足以蒸发。如果液体是水，蒸发可以利

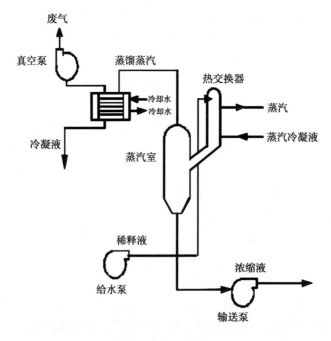

图 5.9 相变：蒸发

用太阳能在大池塘中进行。含水废弃物也可以用蒸汽能量在密闭容器中蒸发。由此产生的水蒸气可以冷凝再利用。能源需求通过蒸汽再压缩或多效蒸发器等技术最小化。蒸发作用适用于被油、油脂、油漆固体或聚合树脂等非挥发性杂质污染的溶剂废弃物。溶剂蒸发回收再利用。这种方法在商业上是可行的。

5.5.2.8 相变：空气气提

空气气提是一种传质过程，其中水或固体中的挥发性污染物蒸发到空气中。通过空气气提去除有机物取决于温度、压力、气水比和可用于传质的表面积。为了防止空气污染，必须对挥发性有害物质进行回收处理。该工艺用于处理挥发性更强、不易溶解的水性废弃物(如氯化烃、四氯乙烯)和芳香族(如甲苯)。局限性在于温度依赖性和悬浮固体的存在会降低效率。如果挥发性有机污染物(VOC)的浓度超过约 $100\mu L/L$，蒸汽气提是优选的。这种方法在商业上是可行的。

5.5.2.9 相变：蒸汽气提

蒸汽气提(见图5.10)使用蒸汽从含水废弃物中蒸发挥发性有机物。它本质上是在填料塔或塔盘塔中进行的连续分馏过程。清洁的蒸汽，而不是再沸的塔底，为塔提供直接的热量，气体从塔底流向塔顶。产生的残留物是受污染的蒸汽冷凝液、回收的溶剂和气提的流出物。有机蒸汽通过冷凝器进行进一步的净化处理。塔底物也需要进一步考虑。可能的后处理包括焚烧、碳吸附或土地处理。

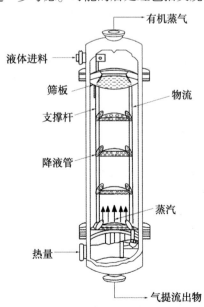

图 5.10 气提塔(穿孔托盘类型)

气提用于处理被氯化烃、芳烃(如二甲苯)、酮(如丙酮)、醇(如甲醇)和高沸点氯化芳烃(如五氯酚)污染的含水废弃物。蒸汽气提处理挥发性较低、可溶性较强的废弃物，可以处理较宽的浓度范围(例如，从低于 $100\mu L/L$ 到约 10% 的有机物)，并需要空气污染控制装置来消除有毒排放物。这是一种传统的方法，有很好的记录。

5.5.2.10 相变：蒸馏

蒸馏是简单的蒸发，然后冷凝。通过控制蒸发阶段的温度和压力以及冷凝器温度来优化挥发性物质的分离。蒸馏分离可混溶的有机液体，用于溶剂回收和减少废弃物体积。两种类型的蒸馏方法是间歇蒸馏和连续分馏。蒸馏用于分离液体有机废弃物，主要是废溶剂，用于完全或部分回收和再利用。要分离的液体必须具有不同的挥发性。蒸馏回收受到挥发性或热反应性悬浮固体的限制。塔顶蒸汽冷凝加热蒸馏釜中的间歇蒸馏容易控制和灵活，但不能达到连续分馏典型的高产品质量。连续蒸馏是在直径为 40ft 和 200ft 高的盘式塔或填料塔中完成的，每个塔都配有再沸器、冷凝器和蓄能器。分馏不适用于高温高黏度液体、高固体浓度液体、聚氨酯或无机化合物。它在商业上是可用的。

5.5.2.11 溶解：土壤冲洗/土壤清洗

土壤冲刷是从土壤中原位提取无机和有机化合物，并通过使用注入和再循环过程使萃取剂溶剂通过土壤来实现。溶剂包括水、水-表面活性剂混合物、酸、碱(用于无机物)、螯合剂和氧化剂或还原剂。土壤冲洗/土壤清洗示意图如图 5.11 所示。

土壤清洗包括在土壤清洗器中对地表进行挖掘和处理。将受污染的土壤移至暂存区，然后移动以清除碎片和岩石等大型物体；剩余物质进入土壤洗涤装置，与洗涤液混合并搅拌。洗涤液可以是水，也可以含有一些添加剂(如去污剂)，以去除污染物。然后，排出洗涤水，用清水冲洗土壤。洗涤水也含有污染物，经过废水处理，以备将来循环使用。土壤冲洗液和洗涤液必须具有良好的提取系数、低挥发性和毒性、安全和易于处理的能力，最重要的是可回收和可循环使用。这项技术在从土壤中提取重金属方面非常有前景，尽管在干燥或富含有机物的土壤中可能会出现问题。表面活性剂可以用来提取疏水性有机物。土壤类型和均匀性很重要。某些表面活性剂在原地提取时会堵塞土壤孔隙，妨碍进一步冲洗。

5.5.2.12 溶解：螯合

螯合分子包含与金属离子形成配体的原子。如果分子中这种原子的数量足够，并且如果分子形状使得最终原子基本上被包围，那么金属将无法形成能析出的离子盐。螯合作用用于将金属保持在溶液中，并有助于溶解，以便随后运输和清除(例如土壤冲洗)。选择螯合化学品是因为它们与特定金属的亲和力，脂肪和油的存在会干扰这一过程。螯合化学品在市场上有售。

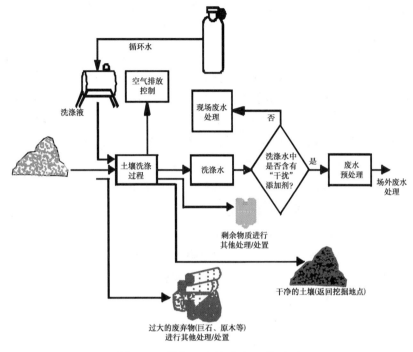

图 5.11　溶解：土壤冲洗/土壤冲洗

5.5.2.13　溶解：液体/液体萃取

两种充分混合或互溶的液体可以通过液-液萃取分离。该工艺要求在原始混合物中加入第三种液体。第三种液体必须是一种原始成分的溶剂，但必须不溶于另一种成分，也不能与另一种成分混溶。最后的溶剂和溶质流可以通过蒸馏或其他化学方法分离，提取溶剂被捕获并重复使用。完全分离是很少实现的，并且对于每个分离的液流都需要某种形式的后处理。为了有效地回收工艺中的溶剂和溶质物质，需要进行蒸馏或气提等其他处理。这是一个演示的过程。

5.5.2.14　溶解：超临界萃取

在一定的温度和压力下，流体达到临界点，超过这一临界点，它们的溶剂性能就会大幅提高。例如，超临界水是一种极好的非极性溶剂，其中大多数有机物都很容易溶解。这些特性使得提取比蒸馏或传统的溶剂提取方法更快速和有效。目前，正在研究使用超临界二氧化碳提取有害有机物。这项技术可能有助于从水流中提取危险废弃物。具体的适用性和局限性尚不清楚。这一过程已经在实验室规模上得到证实。

5.5.2.15 尺寸/吸附性/离子特性：过滤

过滤是通过使液体通过多孔介质来分离和去除液体中的悬浮固体。多孔介质可以是纤维织物(纸或布)、筛网或粒状材料床。过滤介质可以预涂覆有过滤助剂，例如磨碎的纤维素或硅藻土。通过过滤介质的流体流动可以通过重力、通过在介质一侧包括部分真空，或者通过对被过滤介质包围的可脱水污泥施加机械压力来实现。过滤用于将污泥和浆液脱水作为其他工艺的预处理。它也是处理废弃物的"抛光(polishing)"步骤，将悬浮固体和相关污染物降低到低水平。通过过滤预处理适合于膜分离、离子交换和炭吸附，以防止堵塞或工艺过载。其局限性在于：经常需要对已沉淀的废弃物进行过滤，以去除以悬浮固体形式存在的未溶解的重金属。过滤不能减少废弃物毒性，尽管粉末活性炭可用做吸附剂和助滤剂。活性炭不应与黏性或胶状污泥一起使用，因为过滤介质可能会堵塞。这个过程在商业上是可用的。

5.5.2.16 尺寸/吸附性/离子特性：炭吸附

大多数有机和无机化合物很容易附着在碳原子上。这种吸附的强度和随后解吸的能量取决于形成的键，而键又取决于被吸附的特定化合物。用于吸附的炭经过处理，以产生高的表面体积比($900\sim1300m^2/g$)，暴露出实际最大数量的碳原子用于活性吸附。这种处理过的炭被称为吸附活性炭。当活性炭吸附了如此多的污染物，其吸附能力严重耗尽时，就称为废炭。废炭可以再生，但对于吸附性强的污染物，这种再生的成本要高于简单的用废炭替换。该工艺用于处理相对分子质量大、沸点低、溶解性和极性差的单相水性有机废弃物、四氯乙烯等氯化烃、苯酚等芳烃。它也被用来捕获气体混合物中的挥发性有机物。炭吸附限制是经济上的，与炭的消耗速度有关。作为非正式指南，污染物浓度应小于$10000\mu L/L$，悬浮物浓度应小于$50\mu L/L$；溶解的无机物、油和油脂的浓度应低于$10\mu L/L$。炭吸附是常规工艺，并且是经过证明的。

5.5.2.17 尺寸/吸附性/离子特性：反渗透

在正常渗透过程中，溶剂通过半透膜从稀溶液流向更浓的溶液，直到达到平衡。向浓缩侧施加高压会导致过程逆转。溶剂从浓缩液中流出，留下更高浓度的溶质。半透膜可以是扁平的或管状的，并且由于压力驱动力而起到过滤器的作用。废液流过膜，而溶剂则通过膜的孔隙被拉出。剩余的溶质，如有机或无机成分，不通过，而是越来越集中在膜的进水侧。对于有效的反渗透，半透膜的化学和物理特性必须与废弃物流的化学和物理特性相容。反渗透的限制是一些膜会被一些废弃物溶解。悬浮固体和一些有机物会堵塞膜材料。低溶解度盐可沉淀在膜表面上。

5.5.2.18 尺寸/吸附性/离子特性：离子交换

离子交换过程通常使用特殊配制的树脂，可交换离子通过弱离子键结合到树脂上。离子交换取决于待回收离子相对于交换离子的电化学电势以及溶液中离子的浓度。超过溶液中可回收离子与交换离子的临界相对浓度后，交换的树脂就被消耗掉了。失效的树脂通常通过暴露在原交换离子的浓缩溶液中进行再生，从而引起反向交换。这导致再生树脂和被去除离子的浓缩溶液，可以进一步处理以回收和再利用。离子交换法用于去除溶液中的有毒金属离子，回收浓缩金属进行循环利用。残余物包括废树脂和废再生物，如酸、碱或盐水。该技术用于处理金属废弃物，包括阳离子（如 Ni^{2+}、Cd^{2+}、Hg^{2+}）和阴离子（如 CrO_4^{2-}、SeO_4^{2-}、$HAsO_4^{2-}$）。污染物浓度超过 25000mg/L 的浓缩废弃物流可以通过其他方式更经济有效地分离。应避免固体浓度超过 50mg/L，以防树脂堵塞。这是一个商业化的过程。

5.5.2.19 尺寸/吸附性/离子特性：电渗析

在电渗析（见图 5.12）中，水溶液通过交替放置的阳离子渗透膜和阴离子渗透膜。在膜上施加电势，为离子迁移提供动力。离子选择性膜是由合成纤维背衬增强的离子交换树脂薄片。该方法用于净化微咸水，并在电镀漂洗液中回收金属盐进行了验证。这些装置正在市场上销售，以从冲洗流中回收有价值的金属。这种装置可以滑动安装，只需要管道和电气连接。

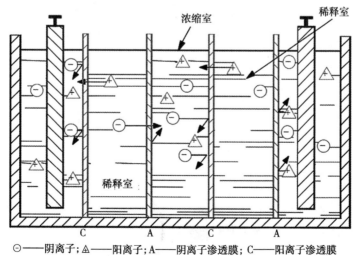

⊖——阴离子；△——阳离子；A——阴离子渗透膜；C——阳离子渗透膜

图 5.12 电渗析（电流将溶解的离子集中在邻近电极之间的室中）

5.5.3 化学处理

化学处理过程会改变废弃物的化学结构，产生比原始废弃物危害更小的残留物。各种(常用的)化学处理工艺是调节酸碱度(用于中和或沉淀)、氧化和还原、水解和光解、化学氧化(臭氧化、电解氧化、过氧化氢)和化学脱卤(碱金属脱氯、碱金属/聚乙二醇、基于催化的脱氯)。

5.5.3.1 酸碱度调整：中和

中和是一种便宜的处理方法(见图5.13)。一种离子盐溶解在水中生 H^+ 和 OH^-。在中和过程中，离子溶液中的成分发生变化，直到离子 $OH^- = H^+$ 发生。中和用于处理废酸和废碱，彼此相互处理，并消除/降低反应性和腐蚀性。残留物(最终产物)包括含有中性流出物的溶解盐和任何沉淀盐。pH值调节有广泛的应用，如水和非水的液体、泥浆和污泥。应用范围包括酸洗液、电镀废料、矿山排水和油乳化液破碎。除了降水或气体释放外，物理形态不会有任何变化。它应该在一个很好的混合系统中执行，以确保完整性。应确保废弃物和处理化学品的相容性，以防止形成比最初存在的更多的有毒或危险化合物。这是一个常见的工业过程。

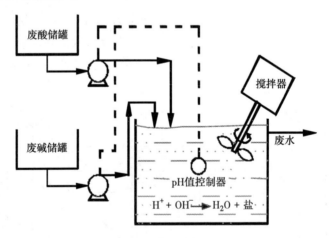

图 5.13　同时中和酸碱废弃物

5.5.3.2 化学沉淀

化学沉淀是一种pH值调节过程，主要用于去除水中的溶解金属。将酸或碱添加到溶液中，以调整pH值，使要去除的组分达到其最低溶解性。金属的溶解度随着pH值的增加而降低，金属离子以氢氧化物的形式从溶液中沉淀出来。金属可以通过添加碱性剂(如石灰或苛性钠)来沉淀以提高pH值。去除铬可以用硫酸氢钠；去除氰化物可以用硫酸盐，包括硫酸锌或硫酸亚铁；去除金属可以用碳酸盐，特别是碳酸钙。

去除硫化钠最常见的是用石灰氢氧化物进行沉淀，有时用于实现较低的流出物金属浓度。残留物为金属污泥/处理过的出水，含有升高的酸碱度/硫化物沉淀、过量硫化物。该方法适用于含金属废水的处理。局限性是络合剂会干扰这一过程。

有机物只有通过吸附带出才能被去除，由此产生的污泥可能是有害的。沉淀法在危险废弃物处理中有许多有用的应用，但应进行实验室震击试验来验证处理效果。广口瓶试验用于选择合适的化学品；确定投加率；评估混合、絮凝和沉降特性；评估污泥生产和处理要求(见图5.14)。

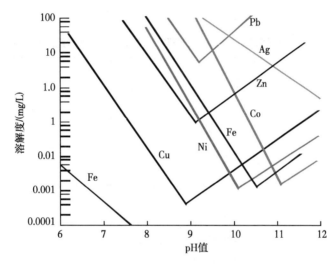

图5.14　金属氢氧化物在不同酸碱度下的溶解度

5.5.3.3　氧化还原

氧化和还原改变了危险物质的化学形态，最终产品毒性更低，改变了其溶解性、稳定性或可分离性，或以其他方式改变其用于处理或处置目的。在任何氧化反应中，一种化合物的氧化态升高，而另一种化合物的氧化态降低。提供氧气、氯或其他负离子的化合物称为氧化剂。提供正离子并接受氧的化合物称为还原剂。固体必须在溶液中，反应可能是爆炸性的。废弃物成分必须众所周知，以防止无意中产生更有毒或更危险的最终产品。该反应可通过催化、电解或辐射来增强。还原降低化合物的氧化态。还原剂包括铁、铝、锌和钠化合物。例如，对于氧化去除氰化物，含氰废水用碱性氯或次氯酸盐溶液氧化，其中氰化物最初被氧化成毒性较低的氰酸盐，然后氧化成二氧化碳和氮气。

$$NaCN+Cl_2+2NaOH \longrightarrow NaCNO+2NaCl+H_2O$$

$$2NaCNO+3Cl_2+4NaOH \longrightarrow 2CO_2+N_2+6NaCl+2H_2O$$

5.5.3.4 化学氧化

氧化作用通过将有害污染物转化为稳定、不易移动或惰性的无害或毒性较低的化合物来破坏有害污染物(见表5.5)。常见的氧化剂是臭氧、过氧化氢、次氯酸盐、氯和二氧化氯。化学氧化取决于客户氧化剂和化学污染物。化学氧化也是含氰金属(如砷、铁和锰)处理过程的一部分。氧化过程中形成的金属氧化物更容易从溶液中沉淀出来。一些化合物需要氧化剂的组合或使用紫外光和氧化剂。化学氧化提高了污染物的氧化态,降低了反应物的氧化态。以下是氧化反应的例子:

$$NaCN+H_2O_2 \longrightarrow NaCNO+H_2O$$

表5.5 化学氧化对液体、土壤和污泥的一般污染物组的有效性

项目	污染物组	液体	土壤/污泥
有机物	卤化挥发物	○[①]	◆
	卤化半挥发物	○	◆
	非卤化挥发物	○	◆
	非卤化半挥发物	○	◆
	多氯联苯	○	●[③]
	杀虫剂	○	●
	二噁英/呋喃	◆[②]	●
	有机氰化物	○	○
	有机腐蚀剂	◆	◆
无机物	挥发性金属	○	◆
	非挥发性金属	○	◆
	石棉	●	●
	放射性物质	●	●
	无机腐蚀剂	●	●
	无机氰化物	○	○
反应物	氧化剂	●	●
	还原剂	○	◆

① 已证实有效性:成功完成了一定规模的可处理性试验。

② 潜在有效性:专家认为技术会起作用。

③ 没有预期的效果:专家认为技术行不通。

化学氧化系统的工艺流程如图5.15所示。

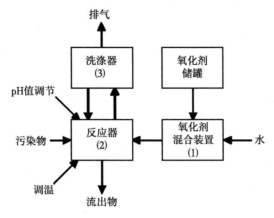

图 5.15 化学氧化系统工艺流程图

加入紫外光可以增强反应。臭氧与过氧化氢或紫外线辐射结合的系统是催化臭氧氧化过程。它们加速臭氧分解,增加羟基自由基浓度,并促进化合物的氧化。固体必须在溶液中。废弃物成分必须是众所周知的,以防止产生更有毒或更危险的最终产品。由于需要大量氧化剂,氧化对高浓度废弃物来说成本效益不高。臭氧可用于预处理废弃物,以分解难降解有机物,或在生物或其他处理过程后氧化未处理的有机物。这些限制是废弃物的物理形式(即污泥和固体不易处理)和与其他物种的非选择性竞争。臭氧系统具有较高的资金成本,因为必须使用臭氧发生器。产生紫外光的成本和灯上的结垢或涂层问题是紫外增强化学氧化系统的两个主要缺点。它们在混浊的水中或泥浆中表现不佳,因为光透射率降低会降低效率。

5.5.3.5 水解

水解是指非水溶性分子中的键断裂,使其与水一起进入离子溶液。水解可以通过添加化学物质来实现,例如酸水解。它适用于多种难降解有机物。水解作用用于去除氨基甲酸酯、有机膦化合物和其他杀虫剂的废水。由于重金属的潜在活化作用,酸水解作为原位处理必须小心进行。根据废弃物流的不同,产品可能无法预测,有毒排放的质量可能大于最初投入处理的废弃物。

5.5.3.6 化学脱卤

5.5.3.6.1 碱金属脱氯

这一化学脱氯过程取代了油和液体废弃物中含氯有机化合物中的氯。废弃物在进入反应器系统和遇到脱氯剂之前进行过滤。碱金属对氯(或任何卤化物)的高度"亲和力"是这一过程的化学基础。副产品是氯化物盐、聚合物和重金属。反应器被氮气覆盖，因为试剂对空气和水敏感，并且需要过量的试剂对氯敏感。它适用于处理多氯联苯和氯化碳氢化合物、酸和二噁英等其他物质的过程。它有一些局限性，例如水分含量会对反应速度产生不利影响。因此，脱水应该是预处理步骤，废液浓度也很重要。

5.5.3.6.2 电解氧化

在电解氧化中，阴极和阳极被浸没在装有待氧化废弃物的槽中，并向系统施加直流电。该工艺特别适用于含氰废弃物。反应产物是氨、尿素和二氧化碳。分解过程中，金属被镀在阴极上。电解氧化用于处理高达10%的高浓度氰化物，并分离金属以实现潜在的回收。这些限制包括进料的物理形式（固体必须溶解）、与其他物种的非选择性竞争以及长的加工时间。单一金属物种的电解回收率可达90%或更高。

5.5.3.6.3 化学脱卤

碱性金属/聚乙二醇（APEG）试剂能有效地脱氯多氯联苯和油脂，对各种类型卤代有机化合物的脱卤反应迅速。在APEG试剂中，碱金属被大的聚乙烯阴离子固定在溶液中。多氯联苯和卤代分子可溶于APEG试剂中。这些性质结合在一个单相体系中，在这个体系中，阴离子很容易取代卤素原子。卤代芳烃与APEGs反应，以卤代芳烃取代氯原子形成APEG醚。APEG醚分解成苯酚。

APEG废弃物处理流程如图5.16所示。第一步是是常规筛选（图5.16中的"1"，下同），用于清除碎片和大型物体，并产生足够小的颗粒，以允许在反应器中进行处理，从而避免混合器叶片的黏结。通常，试剂组分在反应器（"2"）中与污染的土壤混合。不混合处理效率低下，将混合物加热至100～180℃。根据污染物的类型、数量和浓度，反应进行1.5h。处理过的材料从反应器流到分离器（"3"），在那里试剂被移除并可被再循环（"4"）。在反应过程中，水在反应器中蒸发、冷凝（"5"），并收集以供进一步使用或在洗涤过程中循环使用（如果需要）。碳过滤器（"7"）用于捕集任何未冷凝的挥发性有机物。在洗涤器（"6"）中，通过添加酸来中和土壤。然后在处理前脱水（"8"）。脱卤能有效去除二噁英、呋喃、多氯联苯和氯化农药等有害有机化合物中的卤素，使其无毒。在最终选择APEG技术之前，应进行可处理性试验。应确定操作因素，如试剂数量、温度和处理时间。处理过的土壤可能含有残留的试剂和处理副产品，应通过用水冲洗土壤来去除。在最终处置之前，还应通过降低pH值来中和土壤。必须考虑具体的安全问题。用APEG处理高浓度的某些氯化脂肪族化合物可能会产生潜在的爆炸性化合物（如氯乙炔）或引起火灾危险。这个过程已经过现场测试(见表 5.6)。

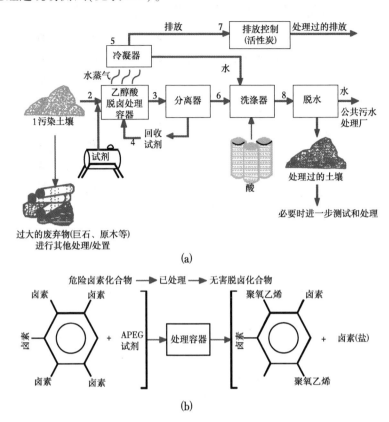

图 5.16 （a）乙醇酸脱卤工艺流程；（b）脱卤概念图

表 5.6 APEG 对不同基质的一般污染物基团的处理效果

污染基团		有效沉积物	油	土壤	污泥
有机物	卤化挥发物	★	★	★	★
	卤化半挥发物	★	★	★	★
	非卤化挥发物	■	■	■	■
	非卤化半挥发性物质	■	■	■	■
	多氯联苯	◇①	◇	◇	◇
	杀虫剂(卤化)	★②	◇	◇	★
	二噁英/呋喃	◇	◇	◇	◇
	有机氰化物	■③	■	■	■
	有机腐蚀剂	■	■	■	■

续表

污染基团		有效沉积物	油	土壤	污泥
无机物	挥发性金属	■	■	■	■
	非挥发性金属	■	■	■	■
	石棉	■	■	■	■
	放射性物质	■	■	■	■
	无机腐蚀剂	■	■	■	■
	无机氰化物	■	■	■	■
反应物	氧化剂	■	■	■	■
	还原剂	■	■	■	■

① 已证实的有效性：完成了一定规模的可处理性测试。
② 潜在有效性：专家认为技术会起作用。
③ 没有预期的效果：专家认为技术不起作用。

5.5.3.6.4 碱催化分解

碱催化分解(BCD)是另一种从有机物质中去除氯分子的技术。

氯化产品+催化剂(碱)→脱氯产品氯化钠

碱性催化分解工艺(见图 5.17)包括将化学品与受污染的基质(如挖掘的土壤或沉积物或含有这些有毒化合物的液体)混合，并在 32~34℃下加热混合物 1~3h。该工艺适用于将多氯联苯从 4000μL/L 减少到 1μL/L 以下。碱性催化分解工艺只需要 1%~5%的试剂。该试剂也比 APEG 试剂便宜得多。碱性催化分解也被认为对五氯苯酚、多氯联苯、杀虫剂(卤化)、除草剂(卤化)、二噁英和呋喃有效。BCD 不是用于原位治疗。可治疗性研究应在最后一节之前进行。废气在释放到大气中之前进行处理。处理后的受体残留物是无害的，并且可以根据标准方法处置，或者进一步处理以分离组分以供重复使用。

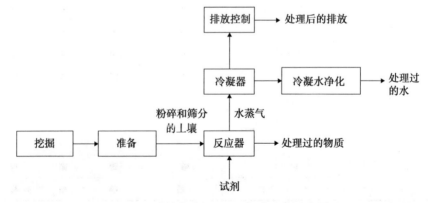

图 5.17　碱催化分解(BCD)工艺流程示意图

5.6 危险废弃物的处置

5.6.1 处理储存和处置设施

处置危险废弃物的一般做法是进入露天排水沟、路边垃圾场、低洼地区的垃圾填埋场和城市垃圾箱。在获得该场所的环境影响评估并进行公开听证后，必须在国家污染控制委员会/污染控制委员会（SPCB/PCC）选择和批准的场所进行科学处置。危险废弃物应在指定为TSDF的地方进行处置。TSDF应该具有以下属性：距离居民和拟建定居点至少0.5km；应远离常年饮用水供应场所；它应该有运输的通道；应远离地表水和地下水，以避免污染；不应受到土壤侵蚀和地震活动的影响；网站应确保公众不容易进入；场地应靠近主要废弃物产生区；现场应有足够的处理废弃物的设施；废弃物应在焚烧前进行处理；不应燃烧有机废弃物和氯化物性质的废弃物；请勿焚烧PVC或塑料产品；操作人员应持有废弃物处理许可证；操作人员应配备适当的设备，包括高压灭菌器、焚化炉和其他设备。

综合危险废弃物管理设施应包括安全的填埋场、废弃物储存库、焚化炉、再利用/回收设施、能够进行全面分析的实验室，以及运输和处理废弃物的安排，包括配套基础设施。在水泥窑中焚烧高热值危险废弃物是在专用废弃物焚烧炉中进行常规处置的安全替代方案。根据实验室在特征分析后给出的处置途径，对废弃物进行预处理或稳定化，然后送到垃圾填埋场或进行焚化。

5.6.2 危险废弃物的预处理或稳定化

有时，废弃物的性质不允许将其直接用于填埋或焚化，必须对其进行预处理，该过程称为稳定化。在某些情况下，焚化也需要进行预处理。稳定的基本原理是固定或防止有毒成分的浸出。稳定危险废弃物所采用的方法是物理、化学、生物和热学。最常用的稳定化过程是：

① 固定化。污染物在胶结结构内的化学结合，以减少废弃物成分的流动性或可浸出性。

② 封装。在固体基质中阻挡或夹持包容颗粒。其过程类似于水泥砂混合物，其中水泥包覆沙子。封装是将废弃物封闭在稳定的防水材料中的过程。然后，必须将封装好的废弃物放在垃圾填埋场或类似的处置地点。

③ 固化。通过添加固化剂和吸附剂，将不易脱水的浆液转化为固体。原

位物理/化学处理,即固化/稳定化,通过物理和化学手段降低了有害物质和污染物在环境中的流动性。它寻求在其"宿主"介质(即包含它们的土壤、沙子和/或建筑材料)内捕获或固定污染物,而不是通过化学或物理处理来去除它们。原位玻璃化是另一种原位固化/稳定过程,它使用电流在极高的温度(1600~2000℃或900~3650℉)下熔化土壤或其他泥土材料,从而固定大多数无机物并通过热解作用破坏有机污染物。玻璃化产品是一种化学稳定产品,耐浸提的玻璃和晶体材料类似于黑曜石或玄武岩。

环境条件可能会影响污染物的长期固定化。一些过程导致了体积的显著增加。某些废弃物与不同的工艺不相容。一般需要进行可处理性研究。有机物一般不固定。许多污染物/工艺组合的长期有效性尚未得到证明。

稳定化过程是基于废弃物产生器提供的综合分析报告,该报告给出了一个相当清楚的概念,即是否需要稳定化。然后,必须进行实验室规模的研究,以达到经济上可行的稳定机制。必须注意观察烟雾的散发,热量的释放,氢气的释放等,并且在进行稳定过程时应尽可能避免这种组合,并应采取必要的预防措施。成功的方法必须应用于 TSDF 的废弃物负荷。必须按照实验室给出的方案将废弃物与稳定剂充分混合。必须根据适用性和要求添加水或渗滤液。在预期的凝固或固化期后,必须从均质混合物中采集样品,并进行稳定后分析,以验证稳定的有效性。

5.6.3 安全填埋

填埋的概念是将废弃物与环境隔离开来。这是一个封闭系统,将废弃物与周围环境隔离开来。目标是减少渗滤液的迁移并尽量减少排放。表 5.7 给出了安全填埋场的废弃物接收标准。

表 5.7 安全填埋场直接处置危险废弃物的浓度限值/验收标准

	参数	限制
物理参数	热值	低于 3200kcal/kg
	550℃时的极限氧指数(LOI)	小于 20%(非生物降解);小于 5%(可生物降解)
	闪点	超过 600℃
	油漆过滤器液体测试(PFLT)	通过
	液体释放试验	通过

续表

参数		限制
化学参数	pH 值	不小于 4 或大于 11
	水溶性有机物质	≤10%
	水溶性无机物质	≤20%
	活性氰化物	250μL/L
	活性硫化物	500μL/L
	等级	按照清单

在建造工程垃圾填埋场时，根据国家标准/策略，采用以下衬垫系统（见图 5.18）：矿物衬里（黏土衬里）、土工膜（高密度聚乙烯衬里）、排水介质、土工织物。

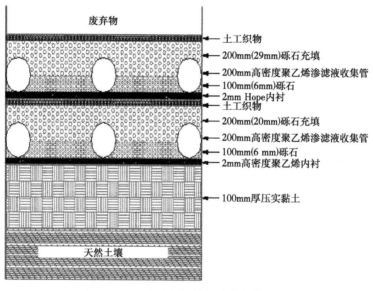

图 5.18　工程填埋场衬垫系统的横截面

不同国家/地区对垃圾填埋场设计有不同的标准，例如单层衬里、双层衬里、单复合材料和双复合材料衬里系统。根据地下水剖面和各种其他设计参数，垃圾掩埋场可以位于地上或地下。对于双复合衬里系统，至少应有一个矿物衬里（天然衬里）和两个合成衬里（土工膜），并由排水系统隔开，该系统用做泄漏检测系统。适合直接丢弃到填埋场的废弃物是稳定的废弃物，将进入填埋场进行处置。废弃物必须按照实验室的建议倾倒在指定地点的垃圾填埋场。

必须记录网格的位置,以便在以后的某个日期,无论出于何种原因,都可以知道垃圾存放的大致位置。废弃物必须进行打浆、平整和压实。每天作业结束后土壤必须放置约15cm厚。日常覆盖物的优点是它可以达到更好的压实效果;改善气味、粉尘散发和气体排放;提高美观性;在层之间起到屏障的作用,并将废弃物之间的相互作用减到最小等等。

垃圾填埋场的渗滤液可以从垂直立管或边坡立管收集。如果渗滤液池是地上垃圾填埋场,渗滤液池可以放在填埋场外。在雨季期间,填埋场的活跃期应尽可能地减少,以尽量减少渗滤液的产生。应确保土工膜上的水压头不超过30cm。因此,渗滤液一产生就应该抽出。对于季风关闭期间的中间覆盖层,需放置约30cm的土壤。而对于最终覆盖层,大约45~60cm作为植被生长的表层土要求。在规划和设计常见危险废弃物填埋场时,需要考虑以下标准:底部和侧面的衬垫系统,防止渗滤液或气体迁移到周围土壤;渗滤液收集和处理设施;气体收集和处理设施(可选);填埋场顶部的最终覆盖系统,可增强地表排水;防止水渗透并支持地表植被;地表水排水系统,收集和清除垃圾填埋场的所有地表径流;环境监测系统,定期收集和分析填埋场周围的空气、地表水、土壤气体和地下水样本;关闭和关闭后计划,列出关闭和保护填埋场必须采取的步骤。

垃圾填埋场渗滤液控制的衬里系统包括防止渗滤液从垃圾填埋场侧面和底部迁移到底土,以及在垃圾填埋场底部收集的渗滤液的排放。

5.6.4 焚烧

焚化适用于不能回收、再利用或安全存放在垃圾填埋场的废弃物。它是一种高温热氧化过程,在有氧的情况下,危险废弃物被转化成气体和不可燃的固体残渣。气体通过气体净化系统排放到大气中,固体残渣进入垃圾填埋场。危险废弃物焚烧的适用性取决于某些考虑因素,例如:废弃物是否具有生物危害性;是否具有生物降解性;是否具有持久性、挥发性,因此是否易于分散,即使在稳定化和体积减小后也无法在填埋场安全地处置。需要焚烧的典型废弃物可能包括溶剂废弃物(废溶剂)、废油、油乳液、油混合物、农药废弃物、制药废弃物、炼油废弃物、酚类废弃物、油脂和蜡类废弃物、有机废弃物(含有卤素、硫、磷或氮化合物)以及被油和其他热值大于2500kcal/kg的物质污染的材料。焚烧的目的是破坏废弃物的毒性,产生无害的燃烧产物。温度、时间和湍流是燃烧的重要参数。氧气的可用性是构成焚烧系统组成部分的附加参数。当废弃物在较高温度下燃烧时将完全破坏,未燃烧废弃物的形成、有机副产品的形成等将被消除。废弃物在高温下存放的时间越长,其破坏程度越大,不完全燃烧产物形成的可能性越小。更大的湍流与燃烧空气中废弃物和氧气的混合程度以及炉内没有温度梯度相关。更大的湍流提供更好的控制,更好的空气接触和更彻底的氧化,并销毁正在燃烧的废弃物。碳氢化合物废弃物的预计温度为900~1100℃,某些废弃物(如多氯联苯、废油残渣等)的预计温度为1100~1200℃。对于其他卤代有机物,可能需要逐个处理。必须保持2s的最小气相停留时间。燃烧空气超过化学计量要求100%。通过良好的焚化炉设计可以实现湍流。销毁和清除效率(DRE)如下:

$$\mathrm{DRE} = [W_{in} - W_{ou}] / W_{in} \times 100\%$$

式中:W_{in}为废弃物进料中化合物的浓度×主要有机危险成分进料的质量比(POHC);W_{out}为烟气中化合物的浓度 X 烟气的体积流量。

通常,销毁和清除效率(DRE)必须大于99.9%。气体清洁是指尽可能完全去除微粒和不可燃污染物,如飞灰、金属氧化物和酸性气体(特别是氯化氢)。还需要通过气体清洁设备去除未燃烧的废弃物和有机副产物。危险废弃物焚烧的空气污染控制必须要达到排放标准。在阿尔斯通(Alstom)的设计中,气体首先在急冷塔中冷却。将活性炭和石灰喷射到冷却的气体中,然后引导到脉冲喷射袋过滤器,然后是碱性洗涤器,然后进入烟囱。这应符合焚烧炉的排放指南。在某些情况下,有机废弃物的燃料混合和在较低温度下进行热处理可以作为焚烧替代废弃物处置的低成本选择。然而,适用于这些废弃物的排放标准与适用于焚烧炉的排放标准相同(见图5.19)。

图5.19 大容量危险废弃物焚烧炉

5.7　处理、储存和处置设施的监测方案

5.7.1　环境空气质量监测

危险废物焚烧炉、垃圾填埋场、废水储存和处理设施简称为 TSDF(见图5.20)。需要在上风、顺风和三个与 TSDF 成 120°角的地点设置空气质量监测站。空气质量监测站的位置取决于烟囱高度和处置设施周围任何特定生态敏感特征的位置。除了国家环境空气质量标准(NAAQS)下的标准参数外，还应监测其他参数，即总挥发性有机化合物(VOC)和多环芳烃(PAHs)，以使监测程序与 TSDF 操作的潜在影响保持一致。应根据国家环境空气质量标准(NAAQS0 标准)继续监测参数，即颗粒物 SPM、RSPM、氮氧化物和硫氧化物(一年至少104 次测量，每周两次，24h)。此外，VOC(总量)和 PAHs 每年应至少监测两次(季风前和季风后)。焚烧炉烟气中的二氧化硫、氮氧化物、氯化氢和一氧化碳需要监测的参数和排放频率。建议监测排放气体的参数和频率应与封顶安全填埋场(SLF)和总 VOC 相关联。硫化氢应通过封顶单元的排气孔每月至少监测一次，直到 TSDF 的设计寿命为止。

图 5.20　处理储存和处置设施(TSDF)

生物指标方面的空气质量测试包括种植当地可获得的敏感植物，种植在 TSDF 的各个方向和不同的距离上，并定期观察和记录每种植物的健康状况。应观察空气污染耐受指数(APTI)。

5.7.2 地下水质量监测

建议在 TSDF 的整个指定寿命期间，至少每季度监测一次地下水特征。要分析的参数有酸碱度、颜色、电导率、浊度(NTU)、总悬浮固体、总溶解固体、总有机碳、化学需氧量、氯化物、硝酸盐、硫酸盐、总凯氏氮、总碱度、总硬度和杀虫剂以及重金属(如铅、镉、铜、锌、铬、汞、镍、铁、氯化萘、砷和锰)。建议在距 TSDF 地点至少 5km 的地方采集地下水样本。如果没有露天井或管井，则需要采取行动，在 TSDF 周围至少提供四口监测井(测压井)，即一口在地下水流动的上升坡度上，另三口在地下水流的下降坡度一侧，至少达到第一层含水层。视情况而定，如有必要，监测井应延伸至第二含水层。

地下水流向必须与国家地下水委员会或任何其他当局协商确定。地下水流方向必须符合当地条件，如地下水位下降。

5.7.3 地表水质量监测

必须每季度至少监测一次上游和下游以及邻近地区的地表水(明渠、河流、蓄水池)。此外，还需要从距 TSDF 500m 远的溪流中采集底栖生物沉积物样本。建议分析地表水样品的酸碱度、颜色、电导率、浊度(NTU)、悬浮固体、总溶解固体、总有机碳、溶解氧、生化需氧量、化学需氧量、氯化物、硝酸盐、硫酸盐、总凯氏氮、总碱度、总硬度和重金属，如铅、镉、铜、锌、铬、汞、镍、铁、氯化萘、砷和锰。

5.7.4 土壤质量监测

需监测的土壤样品和推荐参数是酸碱度、电导率、颜色、总溶解固体、总有机碳、多环芳烃、重金属(如铅、镉、铜、锌、铬、汞、镍)、氰化物、砷和锰。对于距离 TSDF 中心 500m 半径范围内的 250m×250m 的每一个网格尺寸，至少需要收集一个复合土壤样品，深度为土壤表面以下 1m。建议每年至少一次(即季风之前)收集土壤样品并分析其建议的参数。

5.8 法律规定

印度依据 1989 年的《Hazardous Wastes (Management and Handling) Rules[危险废弃物(管理和处理)规则]》及其修正案、2009 年的《Hazardous Wastes (Management Handling and Transboundary Movement) Rules[危险废弃物(管理处理和越境转移)规则]》，以及 1986 年《Environment (Protection) Act[环境(保护)法]》的修正案管理着危险废弃物的管理。

第6章 电子废弃物

6.1 引言

电子工业是规模最大、发展最快的制造业。信息技术在全世界发展迅猛。20世纪90年代以来,电子设备市场保持了强劲的增长势头。其中,计算机(电脑)、移动电话(手机)、电视、打印机、冰箱和洗衣机的增长表现最为强劲。手机不只是通讯工具,而且有了全新的意义。它们被用做室内电子游戏机、照相机、录像机、电脑和通讯工具。随着手机用户的数量不断增长,废旧手机的安全处置问题正成为一项令人棘手的任务。由于发展中国家的市场渗透率和发达国家的替换市场不断增长,再加上淘汰率高,电子废弃物成为印度增长最快的一类废弃物。

所有电子电气设备,一旦它们的使用寿命到期,就会被迅速废弃,不断累积最终形成数量巨大的电子废弃物。20世纪90年代以来,电子废弃物的产生量增长了好几倍,并且还将继续保持加速增长步伐。国家安全委员会的预测表明,每年大约有1亿台电脑和显示器被废弃淘汰。目前科学的处理系统只能处理电子废弃物产生总量的15%~20%。其余部分或被未经许可的回收者处理,或被扔进垃圾场。对信息技术和电子产品的日益依赖带来了新的环境挑战。

电子废弃物的拆解或焚烧是有毒的。这类废弃物可以以回收再利用或危险废弃物处理为目标。金属回收是赚钱的生意,已经形成当地的、跨境的和全球性的贸易。电子废弃物相关的环境问题和贸易在国家和国际两个层面对电子废弃物的定义起到了推动作用。在本书中,重要的是要了解现有的废弃电子、电气设备(WEEE)/电子废弃物带来的问题,以及鉴于所产生的电子废弃物规模和其中含有的毒性成分、有价值材料。正确理解电子废弃物越来越重要的潜在商业机遇。

印度的电子废弃物市场分布并未集中于一地,而是分布在不同区域,一个地区处理一个方面的电子废弃物回收。不同材料的分拣没有使用复杂的机械或个人防护设备(PPE)。回收工作完全是由人徒手完成,使用的辅助工具仅仅是锤子和螺丝刀。通常情况下,妇女和儿童也会参与其中。

电子废弃物是由不适合原目标用途或已达到使用寿命的废弃电子电气产品组成。根据印度环境和林业部（MoEF）制定的电子废弃物管理指南，电子废弃物指的是产生自使用过的电子设备和家用电器，已不适合原目标用途并准备进行回收、再利用或处理的一类废弃物。这类废弃物包含范围广泛的电子电气设备，例如电脑、手机、个人音响器材以及冰箱和空调等大型家用电器。

公众对电子废弃物的认知经常局限在较窄的范围内，他们认为电子废弃物主要是由使用寿命到期的信息和通讯设备以及消费性电子产品组成。然而，从专业角度看，电子废弃物只是废弃电子电气设备（WEEE）的一个子集。按照经济合作与发展组织（OECD）的定义，任何使用电源的，并且已经达到使用寿命的器械都会归入 WEEE。从全球来看，WEEE/电子废弃物是最常用的电子废弃物术语。而且，WEEE/电子废弃物没有标准的定义。许多国家公布了它们自己的定义、解释以及术语电子废弃物/WEEE 的用法。

电子废弃物一词指的是这类废弃物的技术特征以及含有的有害物质。它指的是范围广泛的一类电子电气产品，例如已经超出生产者和消费者所需使用寿命的电子电气产品，做好了废弃处理准备的电子电气产品，或者含有被认为对人体和自然环境有害的化学物质的电子电气产品。

信息技术产业软件行业给印度带来了卓越的全球影响力。政策的调整将国际领先的跨国公司大量引进到印度建立生产基地、研发中心和软件开发基地。因为经济蓬勃发展和消费模式的转换，印度国内市场正在重新焕发活力。这一增长产生了明显的社会和经济影响。电子产品的增长、消费水平的提高以及较高的淘汰率带来了较高的电子废弃物的产生速度。结合巨量境外废弃电子产品的进口，日益增加的电子产品淘汰速率给印度的固废管理带来了复杂的生态管理环境。在这些电子产品中，计算机、电视和手机正在以其自己的方式形成一类废弃物。它们的不同组成/部件介绍如下。

① 计算机：主板、开关电源、随机存取存储器（RAM）、硬盘、处理器、电容器、集成电路、系统板、磁触摸板、CD 光驱、软驱和二极管等。

② 电视：电容器（capacitors）、电阻、变压器、电源变压调节器、集成电路、行输出变压器、调谐器、电容器（condensers）、插座、彩色显像管、齐纳二极管和普通二极管等。

③ 手机：镜头、内置天线、天线、扬声器、耳机、麦克风、麦克风连接器、扩音器、蜂音器、振铃器、充电模块、系统接插件、机架、滑动机构、带状电缆、SIM 卡插槽盖、读卡器、数据备份、电池、电池夹、手机盖、电池接点、连接器、键盘膜等。

6.2 电子产品平均寿命/平均寿命周期/报废率

电子产品平均寿命/平均寿命周期/报废率指的是电子电气产品到达"寿命终点"前的时间跨度。它可以用有效寿命(active life)、技术寿命(passive life)和存储时间(storage)来定义。

平均生命周期/报废率=有效寿命+技术寿命+存储时间

一台机器可以有效使用的年数被称之为它的有效寿命。在有效寿命之后，通过翻新或再利用一段时间。这段时间构成技术寿命。存储时间包括处理前的存储时间和拆解前在维修店的存储时间。

在发达国家，电子电气设备的平均寿命周期一般情况下相当于有效寿命；而在发展中国家，它是有效寿命、技术寿命和存储时间三者的总和。因此，在发展中国家，电子电气产品在有效寿命之后存在废弃电子电气设备(WEEE)/电子废弃物的二手市场。上述三个参数因为地理位置的不同也存在着差异。因此，平均寿命周期/淘汰率在每个地理位置是不同的，从而形成不同的电子电气设备/电子废弃物存货名单。电子设备/产品被报废淘汰的主要归因于技术进步、时尚潮流、设计风格、个人身份的变化、产品使用寿命和电源质量即将到期等。

6.3 电子废弃物分类

电子废弃物可分为计算机外围设备、通讯设备和工业电子产品。

① 计算机外设设备：显示器、键盘、鼠标、电路板、CD光盘、磁盘、笔记本电脑、服务器等。

② 通讯设备：电话、手机、寻呼机、传真机、路由器、信号传送器、射频(RF)设备等。

③ 工业电子产品：传感器、汽车电子设备、医疗器械等。

④ 照明设备：荧光灯管。

⑤ 家用电器：电视、冰箱、洗衣机、录像机、照相机等。

6.4 电子废弃物类别

按照电子废弃物(管理和处置)规定草案，电子废弃物有九个类别。它们是大型家用电器、小型家用电器、玩具及休闲运动器材、电子与电器工具、医疗器械、监控仪器、自动化分配系统、信息技术和通讯设备、以及消费类电子产品。表6.1列出了各类别所包含的产品清单。

表 6.1 各类电子废弃物所含产品清单

类别	产品
大型家用电器	冰箱和冷柜，其他用于制冷、保存和存放食品的电器，洗衣机，衣服烘干机，洗碗机，烹饪炉灶，电热板，微波炉，烹饪及其他食品加工用电器，加热电器，电暖器，其他吹风、排气、通风和空调设备
小型家用电器	真空吸尘器，地毯清扫器，其他清洁用电器，缝纫、针织、机织以及其他纺织品加工用电器；熨斗以及用于熨烫和其他衣物护理的电器；烤箱，煎锅，破碎机，咖啡机以及开封容器或包装用工具，电动刀具，理发、干发、刷牙、修面、按摩用电器以及其他身体护理电器，电子钟，腕表，测量、显示或记录 时间标度的器械
玩具及休闲运动器材	电动火车或赛车套件，手持视频游戏控制台，视频游戏机，骑车、跳水、跑步、赛艇运动等使用的计算器；配置电子或电气部件的运动器械；投币机
电子与电气工具(大型固定式工业用工具除外)	钻孔器，手锯，缝纫机，对木材、金属和其他材料进行车削、铣削、打磨、研磨、锯切、切割、剪切、钻孔、制孔、冲压、折叠、弯曲或类似处理的器械，用于铆接、钉合或螺丝固定的工具或拆除铆钉、钉子、螺钉或类似用途的工具，焊接工具，或喷洒、铺展、分散等类似用法的工具，或通过其他方式处理液体或气体物质的工具；割草或其他园艺作业用工具
医疗器械(不包括植入型的以及可感染的产品)	放射治疗设备，心脏内科设备，透析仪器，肺呼吸器，核医学装置，体外诊断实验设备，检偏镜，冷冻机，受精试验仪器，用于检测、预防、监控、治疗、减轻疾病、伤害或残疾的其他设备
监控仪器	烟雾报警器，加热调节器，恒温控制器，家用或作实验设备使用的测量、称重或调整工具；其他工业设备用监控仪表(例如控制面板)
自动化分配系统	自动化饮料售货机，自动化冷热瓶(罐)售货机，自动化固体产品售货机，自动化货币分配系统，自动传递各类产品的机器
信息技术和通讯设备	集中式数据处理设备，大型主机，小型计算机，个人计算设备，个人电脑(带输入输出设备的中央处理器)，手提电脑(带输入输出的中央处理器)，笔记本电脑和平板电脑等，打印机，复制设备，电子电气化打字机，袖珍型和桌上型计算器；其他借助电子手段完成信息收集、储存、处理、演示或传播的产品或设备，用户终端及系统设备，传真机，电报机，电话，付费电话，无绳电话，移动电话，应答系统，以及通过通讯手段传递声音、图像或其他信息的产品或设备
消费类电子产品	无线电设备，电视，摄影机，录像机，数码相机，高保真录音机，音频放大器，音乐器材和其他记录或复制声音或图像的产品或设备，其中包括用非通信方式传递声音和图像的信号或其他技术信息

按照2011年的《E-Waste (Management and Handling) Rules[电子废弃物（管理和处置)]》规定，电子废弃物被分成两大类，即电子电气设备和消费类电子电气产品。表6.2给出了电子电气设备的类别。

表6.2 电子电气设备类别

类别	产品清单
信息技术和通讯设备	① 中央数据处理：大型机，小型计算机； ② 个人计算：个人电脑(带输入输出设备的中央处理单元)、手提电脑(带输入输出的中央处理器器备)、笔记本电脑、平板电脑； ③ 含墨盒的打印机、复印设备、电子电气化打字机、用户终端和系统设备、传真机、电报机、电话、付费电话机、无绳电话、移动电话、应答系统
消费类电子产品	电视(包括液晶电视显示器和发光二极管LED电视)、冰箱、洗衣机、空调(不包括集中式空调设备)

6.5 电子废弃物的组成和特点

6.5.1 电子废弃物的组成

电子废弃物的组成差异非常大，不同类别的产品废弃物组成也不一样。电子废弃物包括超过1000种不同的物质，它们可分为两大类：有害物质和无害物质。概括来说，电子废弃物含有黑色金属、有色金属、塑料、玻璃、木材、胶合板、电路板、混凝土、陶瓷、橡胶以及其他材料等。钢和铁约占电子废弃物的50%，其次是塑料(占21%)、有色金属(占13%)以及其他成分(占16%)。有色金属包括铜、铝等金属，以及银、金、铂金、钯等贵金属。如果铅、汞、砷、镉、硒和六价铬等金属元素以及阻燃剂的量超出阈值，则它们被归类为有害废弃物。不同的电子废弃物部件/材料/组成大致可以分为六类：

① 钢和铁，主要用于外壳和机架材料；

② 有色金属，尤其是铜，主要用于线缆，还包括铝；

③ 玻璃，主要用于显示屏和视窗；

④ 塑料，作护套，主要用于线缆材料，还用于电路板；

⑤ 电子元件；

⑥ 其他(橡胶、木材、陶瓷等)。

电子废弃物的危害要比任何其他市政废弃物大得多，因为电子产品包括上千种由致命的化合物、金属(铅、镉、铬、汞、铍、锑等)、聚氯乙烯(PVC)、溴系阻燃剂、和邻苯二甲酸盐制造而成。长期接触这些物质会损害神经系统、肾脏、骨骼，以及生殖和内分泌系统。其中，有些物质有致癌性和神经毒性。2005年，绿色和平组织在德里的电子回收场开展的一项研究表明，在这些简陋的/无资质许可的回收作业区域，存在包括二噁英和呋喃在内的高水平有害化合物。

电子废弃物的处理是问题的关键，它会同时对生态系统的健康和重要构成部分造成威胁。有许多途径可以让电子废弃物进入到环境中。垃圾填埋的电子废弃物会产生被污染的渗滤液，最终污染地下水。由计算机芯片熔化产生的酸和淤泥，如果在地面处理，则会引起土壤酸化，并造成水资源污染。焚烧电子废弃物会释放出有毒烟气，从而污染周围的空气。回收再利用方法不当会对环境产生重大影响。粗放式电子废弃物拆解常常会释放出有毒物质，它们不但污染空气，也会使操作人员暴露在有害材料当中。露天焚烧电路板(塑料材料加工而成)回收铜和其他金属，是危害最大的电子废弃物回收再利用方式。酸浴法或汞齐化法提取金属也会降低环境质量。

电子设备中存在的毒性材料会对环境和人类健康构成威胁。有些电子设备(例如断路器)在破坏时会析出汞。不仅汞的析出会产生威胁，金属汞和二甲基汞的蒸发也令人关注。电容器中的多氯联苯(PCB)也面临相同的情况。当溴化阻燃塑料或含镉塑料采用垃圾填埋处理时，多溴联苯醚(PBDE)和镉也会浸出到土壤和地下水中。研究发现，含铅玻璃(如阴极射线管(CRT显像管)的凸面玻璃)破碎后会溶解出一定量的铅，并与酸性水混合在一起。这是垃圾填埋场常会出现的问题。

计算机、手机和消费性电子产品的迅猛增长，以及快速的模块变化，成为增加电子废弃物产生量的主要问题。

6.5.2 有害物质发生源及其对人类健康与环境的影响

表6.3列出了有害物质、发生源以及对环境与人类健康的影响。

表6.3 有害物质发生源及其对人类健康与环境的影响[①]

有害物质	电子废弃物发生源	对人类健康与环境的影响
多氯联苯(PCBs)	电容器、变压器	导致癌症，影响免疫系统、生殖系统、神经系统、内分泌系统等；有长期性和生物累积性
四溴双酚A(TBBA) [多溴联苯(PBB)、 多溴二苯醚(PBDE)]	塑料用阻燃剂(热塑性塑料部件、电缆绝缘)，四溴双酚A是目前最广泛应用于印刷电路板(PWB)和零部件外罩的阻燃剂	易造成长期健康伤害；燃烧时产生急性毒性

续表

有害物质	电子废弃物发生源	对人类健康与环境的影响
含氯氟烃(CFC)	制冷单元、绝缘发泡材料	卤化物燃烧会释放出毒性物质
聚氯乙烯(PVC)	电缆绝缘料	高温加工电缆料会释放出氯,它们会转化为二噁英和呋喃
砷	以砷化镓的形式少量出现在发光二极管中	急性毒性、长期健康危害性
钡	阴极射线管(CRT显像管)的吸气剂	如果浸湿,会产生爆炸性气体(氢气)
铍	装有可控硅整流器和光路元件的供电箱	吸入有害
镉	镍镉充电电池、(CRT显像管的)荧光层、打印机油墨、墨粉	急性毒性、长期健康危害性
六价铬	数据磁带、软盘	急性毒性、长期健康危害性,会引起过敏反应
砷化镓	发光二极管(LED)	损害健康
锂	锂电池	如果浸湿,会产生爆炸性气体(氢气)
汞	液晶显示器(LCD)中产生背光的荧光灯、部分碱性电池和汞浸湿开关	急性毒性、长期健康危害性
镍	可充电镍镉电池或镍氢电池、CRT显像管中的电子枪	会引起过敏反应
稀土元素(钇、铈)	荧光层(CRT显像管)	刺激皮肤和眼睛
硫化锌	用于CRT显像管的内层,掺有稀土金属元素	吸入时有毒
毒性有机化合物	电容器、液晶显示器	
墨粉	激光打印机/复印机的硒鼓	吸入粉尘有害健康,具有易爆炸风险

① 来源:Report on assessment of electronic wastes in Mumbai Pune area—MPCB, March 2007。

以下是构成电子废弃物的一部分组成及其对健康的影响。

6.5.2.1 砷

砷是一种有毒的金属元素,它存在于灰尘和可溶性材料中。长期暴露在砷环境中会引起各皮肤疾病,降低神经传导速度。长期接触砷还会引起肺癌,而且常常是致命的。

6.5.2.2 钡

钡是一种金属元素,它的应用领域有火花塞、荧光灯以及真空管的吸气剂等。纯物质情况下钡非常不稳定，与空气接触会生成有毒的氧化物。短期暴露在钡环境下会引起脑肿胀、肌肉无力，还会损害心脏、肝和脾。动物研究表明长期摄入钡会引起血压升高以及心脏功能变化。由于数据缺乏，人体慢性接触钡的长期影响尚不明确。

6.5.2.3 铍

最近，铍已经被列入为人体的致癌物质，因为与铍接触会引起肺癌。铍尘、烟气或雾的吸入是主要的健康关注点。经常接触铍的工作人员，即使是少量接触，以及对铍敏感的人员，他们都会患上所谓的慢性铍病（铍中毒），即一种主要影响肺部的疾病。与铍接触还会引起一种症为伤口愈合不良和疣状肿块的皮肤病。研究表明，人们在距离最后一次铍接触很多年以后仍然会患上铍中毒疾病。

6.5.2.4 溴系阻燃剂

在电子电气产品中使用的溴系阻燃剂（BFRs）主要有三大类型：多溴联苯（PBB）、多溴二苯醚（PBDE）和四溴双酚A（TBBPA）。阻燃剂可以提高材料的阻燃性能，尤其是塑料和纺织品。研究发现塑料可通过迁移和蒸发进入室内空气和灰尘中。卤化阻燃机箱材料和印刷电路板在较低温度下燃烧时，会释放出包括二噁英在内的有毒物质，它们能引起严重的荷尔蒙失调。主要电子产品制造商因为溴系阻燃剂具有毒性已经开始逐步停止使用。

6.5.2.5 镉

镉会严重影响肾脏功能。镉会通过呼吸被吸收，还会随同食物一起被摄入。镉在人体内的半衰期很长，因此很容易累积到引起中毒症状的数量。由于具有急性和慢性毒性，镉在环境中表现出危险的累积效应。急性暴露于镉的烟气环境中会引起类似感冒的症状，如体虚、发烧、头疼、畏寒、出汗和肌肉疼痛等。肺癌和肾脏损伤是长期接触镉的主要健康风险。人们还认为镉会引起肺气肿和骨病（骨质软化和骨质疏松症）。

详情可参阅以下网址：http://www.intox.org/databank/documents/chemical/cadmium/ehc135.htm。

6.5.2.6 含氯氟烃

含氯氟烃（CFCs）是由碳、氟、氯等元素（有时也有氢）组成的化合物，主要用于制冷装置和绝缘发泡。释放到大气中，它会在平流层中累积破坏臭氧层，进而提高人类皮肤癌的发病率，并引起许多生物的遗传损害，因此这类材料已经逐步停止使用。

6.5.2.7 铬

铬及其氧化物由于具有防腐性能而被广泛使用。有些形式的铬是无毒的，但是六价铬(Ⅵ)易于被人体吸收而在人体细胞内形成不同的毒性效应。大多数六价铬化合物会刺激人的眼睛、皮肤和黏膜。处理不当，长期暴露在六价铬化合物环境中会造成永久性眼睛损伤。六价铬还会引起脱氧核糖核酸(DNA)损害。

6.5.2.8 二噁英

二噁英和呋喃是由75种不同类型的二噁英化合物和135种以呋喃为名的相关化合物组成的一系列化合物。二噁英一词是指包括多氯代二苯并对二噁英(PCDD)和多氯代二苯并呋喃(PCDF)在内的一系列化合物。二噁英从未被人为制造，而是在一些物质(类似某些杀虫剂)的生产过程和燃烧过程中产生的一种意外副产物。已知二噁英对动物和人体的毒性很大，它会在生物体内累积，引起胎儿畸形，生殖能力和生长速度下降，此外还会造成免疫系统缺陷。其中毒性最强、最为人所熟知的是2,3,7,8-四氯二苯并-p-二噁英。

6.5.2.9 铅

铅是使用最广泛的金属材料之一，仅次于铁、铝、铜和锌，位于第五位。铅在电子电气行业常用做于焊接材料、铅酸电池、电子元件、电缆护套以及CRT显像管玻璃等。短期暴露在高水平的铅环境中会引起呕吐、腹泻、抽搐、昏迷甚至死亡。其他症状还包括食欲不振、腹痛、便秘、疲劳、失眠、易怒和头痛等。连续大量接触铅环境会影响肾脏，例如工业环境。铅对婴幼儿来说特别危险，因为它能损伤神经连接元，并引起血液和脑部病变。

6.5.2.10 汞

汞是电子电气产品生产过程中毒性最大而且使用广泛的金属之一。汞是一种有毒重金属，如果摄入或吸入，在体内累积会引起大脑和肝脏损害。在电子电气产品中，汞大量集中在电池、有些开关和恒温调节设备以及荧光灯中。

6.5.2.11 多氯联苯

多氯联苯(PCBs)是一类有机化合物，主要用于电容器和变压器的电介质、导热流体、黏合剂和塑料助剂等各类应用领域。研究表明多氯联苯会引起动物癌症，还会引起许多严重的非癌变的动物健康问题，包括对免疫系统、生殖系统、神经系统、内分泌系统以及其他系统的影响。多氯联苯属于环境中的持久性污染物。这类化合物具有脂溶性高和代谢率低的特点，因此多氯联苯几乎可以在所有生物的富脂肪组织中累积(生物累积)。经济合作与发展组织国家(OECD)禁止使用多氯联苯，但是由于它在过去使用广泛，因此它仍然可以在废弃电子电气设备及一些其他废弃物中找到。

6.5.2.12 聚氯乙烯

聚氯乙烯是使用最广泛的塑料，主要用于日常电子电气产品、家具用品、管道等。由于含有高达56%的氯,聚氯乙烯是有害物质,燃烧时会产生大量的氯化氢气体,与水结合会形成盐酸。聚氯乙烯是危险材料,吸入时会引起呼吸问题。

6.5.2.13 硒

暴露在高浓度硒化合物环境中会引起硒中毒。硒中毒的主要症状是脱发、指甲变脆和神经系统异常(如四肢麻木以及其他奇怪的感觉)。

6.6 电子废弃物产生量

在消费端处理电子废弃物或二手产品是带来大难题。在各类电子废弃物中,印度的计算机及其外围设备回收/再利用的比例要比发达国家高得多。20世纪90年代以来,买得起计算机的仅仅局限于社会经济处于优势地位的一部分人群。计算机二次销售和二次利用持续处于高位,对组装机的依赖程度也是如此。迄今为止,没有可靠的数据可以量化电子废弃物的产生量。后来,随着计算机的购买能力不断提高,技术升级越来越快,计算机的周转速度必然会越来越高。除了消费端,市场上另一大计算机淘汰来源来自大型软件行业,前沿技术的应用以及更快的计算速度和效率必然增加计算机的更新换代速率。正如生活水平越来越高一样,经销商开始提供按月付款/分期付款服务,同时银行提供贷款变得相对容易,从而电子产品及其他家电产品的购买能力大大增加。随着消费模式的升级,电子废弃物产生量也在增加。在发达国家,通常情况下电子废弃物占固体废弃物的1%~2%。在印度这样的发展中国家,电子废弃物的产生量占固体废弃物产生总量的0.05%~1%之间。在欧盟,人均每年的电子废弃物产生量为21.8kg。在印度,人均每年的电子废弃物产生量为0.29kg。

表 6.4 列出了印度电子废弃物产生量的前十大地区(邦)和城市。

表 6.4 印度电子废弃物产生量前 10 大地区[①]

排名	地区(邦)	电子废弃物/t
1	马哈拉施特拉邦	20270.59
2	泰米尔纳德邦	13486.24
3	安得拉邦	12780.33
4	北方邦	10381.11
5	西孟加拉邦	10059.36
6	德里	9729.15
7	卡纳塔克邦	9118.74
8	古吉拉特邦	8994.33
9	中央邦	7800.62
10	旁遮普邦	6958.46

① 来源:E-waste management in India-Consumer Voice,April 2009。

印度北部不是电子废弃物的主要产生地，但它却是印度电子废弃物的主要处理中心。印度南部(金奈、海德拉巴和班加罗尔)有三家正式的回收企业，印度西部有一家。

据印度信息技术制造商协会(MAIT)的报告显示，2007年印度产生了0.38Mt源自废弃电脑、电视和手机的电子废弃物。2012年印度电子废弃物将增加到0.8Mt以上，增长率达到15%。这包括50kt从发达国家进口的同类电子废弃物，这些进口废弃物作为慈善用途再次利用，其中大部分都直接或使用一次后进入非正式的回收工场。二手电子设备的定义复杂且模糊，海关部门难以跟踪、确认并阻止电子废弃物的非法入境。

以下三类电子废弃物/WEEE约占废弃物产生量的90%：大型家用电器(42%)；信息和通信技术装备(33.9%)；消费类电子产品(13.7%)。

6.7 电子废弃物的组织与管理

在印度获得批准认可的电子废弃物回收工厂仅处理废弃物总产生量的3%，其余部分进入德里、孟买、海德拉巴和班加罗尔这类主要城市的非正式回收工厂。这是因为企业为了赚快钱，将它们废弃的设备出售给非正式的回收者，而没有意识到这会对健康和环境造成有害的影响。电子废弃物含有超过1000种不同的物质，其中许多是毒性的，处理时会产生严重的污染。由于电子产品极高的淘汰速度，电子废弃物的产生量远高于其他消费类产品。飞速发展的技术进步与快速的产品淘汰率相结合，有效地提供各种可任意使用的产品，这使得电子废弃物的产生速度达到了惊人的速度。

因此产生的废弃物进入非正式回收工厂。在印度有超过100万贫困人口涉足人工回收作业。在这类回收工厂工作的大多数人为文化水平低的城市贫民，他(她)们很少意识到电子废弃物中所含有毒成分的相关危害。妇女和儿童大多从事这类工作，这类人群更易受到这类废弃物的危害。

6.8 电子废弃物管理的发展历程

巴塞尔公约秘书处(SBC)提出了许多电子废弃物管理倡议。SBC支持了一项在亚太地区的电子废弃物管理试点项目，印度已参与其中。SBC还推动了一项公司合作的移动手机合作计划(MP3)。MP3计划推出了移动电话的无害环境管理(ESM)和跨境转运指南。德国技术合作协会(GTZ)与印度信息科技生产协会(MAIT)在印度的德里及印度其他地区开展了两项关于电子废弃物产生、处理和回收的研究项目。大约有80%~85%的废弃物由无授权许可的回收工厂完成。MAIT 和 GTZ 的研究显示，印度的电子废弃物产生量为 330kt，同时进口 50kt，而回收量只有 19kt。有资质的回收企业回收能力为 60kt/a[中央污染控制委员会(CPCB)]。以下数字是可回收物的回收率：美国，60%；欧洲，70%；英国，35%；中国，25%；印度，14%。

印度信息技术部(DIT)与联合国环境规划署(UNEP)联合实施了一项名为印度半导体及印刷电路板行业环境管理的项目。通过电子产品的生产过程评价研究其对环境的影响，同时推广更清洁的生产技术，并减少电子产品中的有害物质。至于印度的回收政策，苹果、微软、松下、PCS、飞利浦、夏普、索尼和东芝的生产厂都在按回收的要求执行。三星宣布提供回收服务，但是在整个印度只设有一个回收点；另外几家品牌公司没有提供回收服务。有两家品牌公司因为拥有最佳回收服务实践而脱颖而出：印度 HCL 科技公司和印度威普罗公司(WIPRO)。这方面做的相对较好的其他品牌公司有诺基亚、宏碁、摩托罗拉和 LG 电子。在印度 IRG 系统(南亚)公司(IRGSSA)的帮助下，中央污染控制委员会(CPCB)在 2004~2005 年编写了一份题为《印度电子废弃物回收管理、处理与实践》的报告。基于这些研究，人们意识到电子废弃物的无害环境管理(ESM)的指南非常重要。因此，作为达到无害环境管理的第一步，该指南已经公布了。

2009 年，由世界卫生组织(WHO)发起，环境保护培训研究所(EPTRI)编写了一份题为《安特拉邦和卡纳塔克邦两城市(海德拉巴和班加罗尔)的电子废弃物目录》的报告。这份报告介绍了 2009~2013 年的电子废弃物现状，并逐年介绍源自计算机、手机和电视的废弃物。

目前，印度立法机构没有制定单独而又明确的电子废弃物处置法规。但是在制定合适的废弃物处置体系时，应考虑环境方面现有的法规，例如《Water Act(水保护法)》、《Air Act(空气保护法)》和《Environmental Protection Act(环境保护法)》等，对废弃物管理相关的环境影响进行控制。按 1986 年《环境保护法》修订的《Hazardous Waste Management, Handling, and Trans-Boundary Movement Rules(危险废弃物管理、处置和跨境转运规则)》提及到电子废弃物管理。印度环境和林业部后来形成了统一的《E-Waste (Management and Handling) Rules[电子废弃物(管理与处置)规则]》(2011 年)"，并于 2012 年 5 月起生效。

6.9 电子废弃物管理技术

电子废弃物管理相关的技术是将电子设备拆卸成不同的零部件、金属架、电源、电路板、CRT显像器和塑料等,它们通常需要人工完成。材料被切碎,同时通过昂贵的精密设备分离不同的金属和塑料组分,然后将它们卖给不同的冶炼厂和/或塑料回收企业。该技术可以以环境友好的方式实现金属、塑料和玻璃的回收。

电子产品由数百种不同的材料组成,通常价值都很高。金、铂、银、铜等都是可从电子废弃物中回收的贵重材料。1996年开展的一项研究发现,一台普通台式计算机中平均有50%的重量是塑料、铁和铝。虽然贵金属占总重量的比例相对较小,但是这类金属在电子废弃物中的浓度要高于天然形成矿石中的浓度。

金属、塑料和玻璃可以从各类电子废弃物中回收,例如计算机、CPU、周边设备、服务器、打印机、传真机、复印机、主板、印刷电路板、CD光盘、软盘、磁带、墨盒、电话、手机、电信设备、电视、音频和视频设备、干电池、锂电池、荧光灯和紧凑型(CFL)荧光灯、家用微波炉、洗衣机以及工业、医疗、军事和航空航天用电子设备等。迄今为止,所用回收技术非常简单,不需要焚烧处理。这些技术有人工拆解、分离、切割、压破、粉碎和密度梯度分离以及贵金属回收,还涉及到少量垃圾填埋处理。

在一些工业化国家,典型的电子废弃物回收工厂将最佳的拆卸法零部件回收与提高处理能力相结合,以成本效益好的方式处理大量电子废弃物。整个计算机与电子设备的碎片被切割成容易处理的小碎片,最终促进构成部件的分离。物料被送入料斗,然后沿着传送带转移到机械分离器中,接着到达若干筛选和造粒设备。整个回收设备采用了集尘系统,是封闭结构(见图6.1)。

图6.1 Earth Sense回收私人有限公司(ESRPL):
机械设备、CRT显像管以及墨粉-墨盒拆卸台

回收1t钢,可以减少75%通过原材料炼钢需要的能源,节约40%生产用水,减少1.28t固体废弃物,减少86%大气排放,减少76%水污染。回收1t铝

可节约6t铝土矿、4t化学品、14MW电力。塑料回收可节约能耗70%。玻璃回收可节约能耗40%。回收1t纸可少砍伐17棵发育成熟的大树。贵金属可以回收、提炼、重新用于钟表配件、人造珠宝、寺庙用品等的电镀(金)。许多电子废弃物的回收、循环、再利用类似。表6.5列出了(源自台式个人计算机、电视和手机)电子废弃物的金属回收效率和可回收量。表6.6列出了电视中金属的回收效率和可回收量。手机的回收利用处于发展的早期阶段。表6.7列出了其中金属元素的可回收量。

表6.5 个人计算机中金属的回收效率及可回收量(约32kg)

材料名称	含量,%	计算机中的材料重量/kg	用途	位置	回收效率,%	金属可回收量/kg
铅	6.2988	2.016	金属连接	CRT显像管中漏斗形玻璃、印刷电路板(PWB)	5	0.08566368
铝	14.1723	4.5344	结构件、导电	外壳、CRT显像管、PWB、联结件	80	3.08389248
锗	0.0016	0.000512	半导体	PWB	0	0
镓	0.0013	0.000416	半导体	PWB	0	0
铁	20.4712	6.5504	结构件、磁化材料	外壳、CRT显像管、PWB	80	4.45453312
锡	1.0078	0.3232	金属连接	PWB、CRT显像管	70	0.19188512
铜	6.9287	2.2176	导电	CRT显像管、PWB、联结件	90	1.69614576
钡	0.0315	0.01024		CRT显像管面板	0	0
镍	0.8503	0.272	结构件、磁化材料	外壳、CRT显像管、PWB	0	0
锌	2.2046	0.704	电池、荧光发射体	PWB、CRT显像管	60	0.35979072
钽	0.0157	0.00512	电容器	电容器/PWB、电源	0	0
铟	0.0016	0.000512	晶体管、整流器	PWB	60	0.00026112
钒	0.0002	0.000064	红色荧光发射体	CRT显像管	0	0
铽	0	0	绿色荧光活化剂、搀杂剂	CRT显像管、PWB	0	0
铍	0.0157	0.00512	导热	PWB、联结件	0	0

续表

材料名称	含量,%	计算机中的材料重量/kg	用途	位置	回收效率,%	金属可回收量/kg
金	0.0016	0.000512	联结、导电	联结、导电/PWB、联结件	99	0.000430848
铕	0.0002	0.000064	荧光活化剂	PWB	0	0
氪	0.0157	0.00512	颜料、合金添加剂	外壳	0	0
钴	0.0157	0.00512	结构件、磁化	外壳、CRT显像管、PWB	85	0.00362984
钯	0.0003	0.000096	联结、导电	PWB、联结件	95	0.00007752
锰	0.0315	0.001024	结构件、磁化	外壳、CRT显像管、PWB	0	0
银	0.0189	0.00608	导电/PWB、联结件	98	0.005037984	
锑	0.0094	0.003008	二极管	外壳、PWB、CRT显像管	0	0
铋	0.0063	0.002016	厚膜润湿剂	PWB	0	0
铬	0.0063	0.002016	装饰、硬化剂	外壳	0	0
镉	0.0094	0.003008	电池、蓝绿荧光发射体	外壳、PWB、CRT显像管	0	0
硒	0.0016	0.000512	整流器	整流器/PWB	70	0.00030464
铌	0.0002	0.000064	焊接	外壳	0	0
钇	0.0002	0.000064	红色荧光发射体	CRT显像管	0	0
铑	0		厚膜导体	PWB	50	
铂	0		厚膜导体	PWB	0	0
汞	0.0022	0.000704	电池、开关	外壳、PWB	0	0
砷	0.0013	0.000416	晶体管掺杂剂	PWB	0	0
硅	24.8803	7.9616	玻璃、固态器件	CRT显像管、PWB	0	0

表6.6 电视中金属的可回收量

编号	金属元素	含量	可回收金属可回收量/kg
1	铝	1.2%	0.4344
2	铜	3.4%	1.2308
3	铅	0.2%	0.0724

续表

编号	金属元素	含量	可回收金属可回收量/kg
4	锌	0.3%	0.1086
5	镍	0.0038%	0.013756
6	铁	12%	4.344
7	塑料	26%	9.412
8	玻璃	53%	19.186
9	银	20μg/g	0.000724
10	金	10μg/g	0.000362

表6.7 手机中金属的可回收量[1]

金属	重量/g
铜	16(可回收1%~3%)
银	0.35(可回收3%~10%)
金	0.034(可回收4%~18%)
钯	0.015(少量)
铂	0.00034(少量)

[1] 来源：http://www.eoearth.org/article/Cell_phone_recycling。

6.10 案例研究

印度E-Parisara私人有限公司是印度第一家获得政府批准，并得到印度中央控制污染委员会(CPCB)和卡纳塔克邦污染控制委员会(KSPCB)认可的电子废弃物回收公司。它是印度第一家具备电子废弃物回收技术企业方案的公司。该项目占地1.5acre(1acre≈4046.85m^2，下同)，隶属于Dobaspet的卡纳塔克邦工业区发展局，它距离班加罗尔大约50km，临近班加罗尔-杜姆古尔高速公路，位于卡纳塔克邦政府指定的危险废弃物管理地区。

印度E-Parisara公司建立于2004年，并于2005年9月投入运行。从那时起，公司就致力于以无害环境技术为焦点，提供全流程、有成本效益的创新回收服务。E-Parisara的成功还源自其巧妙地将技术创新、专业精神和全体员工的卓越追求结合在一起。他们认为电子废弃物不是垃圾，而是作为一种资源，利用环境友好的方式回收。他们信奉3R企业理念，即通过持续的回收技术实施和创新实现废弃物的减量、循环和回收。印度需要比较简单、成本效益更高的技术，通过环境友好的方式最大可能地回收金属、塑料和玻璃的资源。

基础设施：建筑面积达 $2.5\times10^4 ft^2$ 的生态友好型建设项目，使用了新型废弃物利用方法，采用水泥土砖替代了普通砖和热合(thermocol)混凝土砖，用花岗岩渣粉代替了河砂，用电石渣粉刷。用地面积 1.5acre，封闭区域为 2.5×10^4 ft^2，开放区域为 $6\times10^4 ft^2$。目前处理能力为 3t/d，满负荷处理能力为 10t/d。初期投资为 25 万卢比，耗电量 $66hp(1hp\approx0.745kW$，下同)，耗水量为 700L/d，潜在就业人数为 58(直接)和 41(间接)，满负荷就业人数为 150(直接)和 60(间接)。

E-Parisaraa 公司的目标是使用简单、低成本、本土化、环境友好的技术为废弃物转化为社会和工业所需原料创造机会。该项目基于良好的材料管理和决策优化电子废弃物资源回收为经营模式。E-Parisaraa 公司还是印度电子废弃物回收企业中首家获得南德意志集团(TUV SUD)国际标准化 ISO 14001：2004 和职业健康安全管理体系 OHSAS 18001：2007 认证的企业。

他们回收处理淘汰的、寿命到期的和与使用习惯脱节(custom debonded)的计算机与外围设备、显示器、电话、通信设备、视频音频设备、录像机、DVD、电视、有线电视设备、电路板、CD 光盘、软盘、打印机、传真机、寻呼机以及工业与和家庭用电子产品等。它们提供的服务包括破碎作业检查(witness crushing)、破坏作业认定(assured destruction)、破坏作业证书(certificate of destruction)、下游材料责任追究(downstream material accountability)、贵金属回收、客户支持指南和咨询服务。

E-Parisaraa 公司为信息技术专业人员和公共部门员工等客户提供电子废弃物收集与处置服务。他们与客户签订协议，并已取得实施的环境健康及安全审计认证。如果电子废弃物得到安全处置，则它能成为二次原料。它可以通过材料回收利用、自然资源保护、创造就业机会以及减少污染为增加税收提供机遇。他们按照付费原则收集电子废弃物，提供知识产权保护(IPR)，确保资料破坏(在客户代表面前提供破坏证书)，通过表面修整和光学破坏帮助实现处置，为客户提供法定程序指导，提供物流支持等。

工艺/技术：该工艺是非焚烧技术，主要由拆解、分离、切割、破碎以及密度梯度分离等步骤组成。有装备精良的实验室作为强大后盾，可从事样品制备、测试和分析、研究与开发、污染物监测、提炼、常规的体积和重力分析，还拥有原子吸收分光光度计。金属、塑料和玻璃等被回收后转送至有资质的回收企业，电子废弃物中的有害成分将送至附近推荐的 TSDF 设施进行处理(见图 6.2)。

图 6.2 E-Parisaraa 公司工作中的电子废弃零件拆解专业人员

6.11 法律规定

按 1986 年《环境保护法》修订的《E-Waste (Management and Handling) Rules[电子废弃物(管理与处置)规则]》(2011)管理电子废弃物。然而,法律规定会随着废弃物处置与管理规则的微小修订而不时变化。

第7章 土壤修复技术

7.1 引言

排放有害物质使未受控制场地发生了土壤污染。地下水和地表水被污染，饮用水供应短缺，人口被疏散，部分地区永久安置。对于健康和环境受到的急性或慢性毒性威胁、自然资源的流失，以及对家庭和财产价值产生的不利影响，人们变得忧虑和愤怒。很多情况下，国家和地方政府都无法从专业的角度调查清楚被污染场地的问题或找到解决方案。土壤污染是一直以来被人类忽视的环境问题之一。近年来，人们发现了土壤污染与人类健康和安全的关系，以及土壤污染的生态影响。

7.2 采样技术

很多情况下，直到已经造成了伤害，人们才能意识到问题的存在。危害的表现方式有很多，可以是给周围人群带来疾病，也可以是周围的生态系统遭到了破坏。对问题地区或潜在问题地区进行监测可以帮助减少未来的破坏。无论是哪种采样方法开始之前，都必须进行背景研究，以便确定合适的采样设备及个人防护设备，正确的采样方式和分析方法，以及正确的安全卫生措施。如果处理的是可能存在危险性或放射性的物质，这一点特别重要。获得土壤污染数据所使用的方法必须考虑多种因素，例如方法的目的、被采土壤的材料类型、污染物的物理化学性能、法规及安全方面的要求、成本、可靠性、采样区规模（与个人有关的小型场地与大型场地）和短期（与长期）采样要求。

一项充分合理的采样实践需要满足多个因素条件。样本必须代表采样点所在的环境。样品的采集量必须足够，并且所采集的频率必须保证所测目标所需的重复性要求。样品在分析前的采集、包装、运输和处理过程中，必须采取保护措施，避免待测的特定成分或性能发生变化。有两部分土壤对环境科学家来说非常重要，一部分是 $0 \sim 15cm$ 深的表层土壤，另一部分是 $1m$ 的上层土壤。表层土壤（$0 \sim 15cm$）所代表的是沉积的大气污染物，尤其是最近沉积的污染物。经研究发现，由泄露液体或长期沉积的水溶性物质形成的污染物深度可达好几米。由有害废弃物垃圾场或储油罐泄露产生的尾流可以达到非常深的位置。

样品采样可以使用某种形式的芯管采样器或螺旋采样器，也可以使用挖掘基坑或基槽的形式。后一种情况下，使用铁铲或短锤从土壤中切下样品。所利用的采样技术应与分析实验室紧密配合与同步，以便满足所用分析方法的特殊要求。

7.2.1 表层土壤采样

使用长度为15~20cm的薄壁钢管从土壤中提取短芯样。钢管在木锤的作用下插进土壤，接着抽出样品和套管，然后将土壤芯样从钢管中挤出并送入不锈钢搅拌钵中。选择直径约为15~30cm的无缝钢环，将其压入土壤，达到的深度为15~20cm。接着抽出钢环，构成土壤-钢环单元，然后取出土壤进行分析。常作农具使用的铁锹和铲子可能是最不合适的样品采集工具。

7.2.2 浅层土壤采样

如果污染物已经下渗到下层土壤中，则短探头或短锤采样显得较短，需要使用更长的采样工具。有三种基本的较深层土壤采样方法：土壤探头或螺旋采样器、电动取样器、挖槽法。

样品采集至少应相隔1.5m，或者选择在各个不同的地层中取样。土壤剖面出现砂质透镜体、细粉砂或砂层结构时，应另外采样。

在采样程序启动之前，有关包装的要求应咨询样品分析实验室。分析有机物的样品必须尽快送到实验室。必须正确记录每个样品，确保需要的所有参数得到及时、准确和完整的分析。同时也是最重要的一点，为样本数据可用于执行地区性潜在强制措施提供支持。文档系统通过最终数据报告可以单独确认、获得并监测各个采集点的样品。为了保证样品数据在管制应用中的有效性，每个样品必须从采集开始直至诉讼期间作为证据引用都能保持连续可追溯。使用样品标签是一种可采用的方法。样品标签上记录的采样信息有样品号、站点编号、日期、时间、站点位置和实验室样品号。

使用最广泛的处理方法是将被污染土壤转移并放置在更为安全的垃圾填埋环境中。尽管这只是将被污染的土壤从一个地方转移到另一个地方，但是这种做法由于更好的垃圾填埋场设计环境而变得非常有优势。转移后以及放置之前或放置过程中，可以稳定废弃物，放置后可进一步降低其流动性。稳定过程可包括使用混凝土或类似材料进行固化，或者直接对某类污染物进行化学处理。

可使用焚烧或热处理方法去除被污染土壤中易被其破坏或去除的有机污染物。除了从被污染场地挖掘除去被污染的土壤以外，人们还采用了许多其他方法处理被污染的土壤。其中包括使用专用生物反应器进行的生物降解法、复杂的抽提法。原位修复法不需要去除土壤，它可用于替代去除法土壤修复。如果能证明一种方法可以有效降低污染量和毒性或减少废弃物接触，则这种方法一般情况下可以作为一种选项。

7.3 土壤净化技术

土壤净化技术主要包括去除土壤修复技术和原位土壤修复技术。

7.3.1 去除土壤修复技术

这类技术由两部分组成，即取走被污染土壤和采取净化方法脱污。这类技术主要包括焚烧、填埋、稳定、固化以及异位生物修复技术。

7.3.2 原位土壤修复技术

这类技术指的是在发生污染的同一地点或位置进行土壤修复。这类技术或方法主要包括：泵出再处理抽提被污染的地下水、强化处理工艺、真空抽提不饱和区以及原位生物修复土壤。真空抽提被污染的地下水指的是利用抽水井去除被污染的地下水或分离污染相，然后进行地上处理的技术。加强的泵送再处理方法是土壤修复的方法。由于大多数土壤污染物的溶解性低，因此即使水能保持保护状态，也需要大量的水才能除去分离相中的污染物。在不饱和区真空抽提在概念上类似泵送再处理地下水工艺，它是在水不饱和区进行土壤气相抽提(SVE)。在不饱和区布置的抽提井上安置真空泵，通过真空泵在不饱和区施加真空，从而通过土壤气提出蒸气，除去地下挥发出来的各种挥发性成分。原位土壤生物修复技术可能是所有处理技术中最为理想的技术。原位生物降解法可实现土壤无害化处理，同时实现污染物的自然循环回收。利用微生物技术可以使许多化合物失去毒性，并且其速率足以证明自然恢复被污染土壤是适合的选择。

7.4 现场修复技术

成功修复含有被污染地下水的场地是最困难的挑战之一。在有些情况下，地下水的污染在到达受体之前会减弱。在其他情况下，有可能需要将地下水的污染浓度降低到可接受的水平。基于风险的修复方法主要考虑的是通过消除污染源与潜在受体之间的接触路径(即在地下水中迁移路径),降低地下水受污染相关联的所有风险。使用水平或垂直隔离墙是实现这一目标的有效方法,这是以工程隔离形式的代表性制度控制。

修复的具体目标随着修复场地的不同而变化,但是主要目标都是最大可能降低或消除对人类健康与环境的伤害。净化或修复方案必须能完成这一目标,即使该场地与周围环境满足预期用途的安全需要。这一目标将引导选择合适的修复措施。继而,修复方案的各个组成部分也有了满足的目标。对有些场地来说,完全消除污染物是唯一合适的修复目标。而对其他场地来说,控制污染物的迁移路径就已足够并且成本更合适。现实中,所有场地都无法完全消除每一个污染分子。

选择适当修复行动计划的一种方法被称为基于风险的纠正措施(RBCA)。它将基于风险的决策制定优势与其他的修复行动计划要素综合在一起。RBCA是一种三层结构的方法,每一层代表不同复杂程度和保守程度,但是评估时要求做层数最少的工作。推进到更高的层级需要更多的数据和分析,但是当较低层级的保守假设被替换成场地具体的数据,可以得到更加经济的修复措施。

将观察法应用于有害废弃物场地修复需要了解不确定性,因此建议:根据最有可能的场地环境设计修复方案;确定这些环境可能存在的偏差;确定监测的参数并确认修复设计的环境与绩效;潜在偏差的应变计划。了解不确定性并应用观察法,为通过最低成本和最低风险完成预期环境保护目标提供了最好的机会。

包埋技术是潜在的修复体系组成部分,它可以单独使用,也可以与其他修复技术同时使用,以有成本效益的方式完成预期的修复目标。可以将这类技术归为主动修复体系或被动修复系统组成部分。

主动修复系统组成部分需要相当大的工作量并且需要持续输入能量才能运行(例如抽水井)。被动修复系统组成部分运行时不需要太多关注,除非需要维护保养(例如加盖覆土层)。

7.4.1 被动污染防控体系

7.4.1.1 被动污染防控体系的概念

被动污染防控体系在场地修复中的作用是消除暴露路径(即地下水迁移路径),同时将污染物迁移速率降至最低。为了检验这一作用,将污染物潜在迁移路径看成是在无控制的有害废弃物场地。在废弃物场地发生沉降作用,有的不断堆积,有的流失掉,有的渗入地下或者通过蒸散作用返回到大气中。沉降径流遇到废弃物或受污染的土壤后，会将污染物或被污染的沉积物输送到周围的环境中。沉降过程还会渗透废弃物，产生渗滤液。渗滤液的迁移会将污染物带入地表水或地下水。渗滤液中的污染物迁移到地下水中，经过地下水环境的输送，就会被排放到河流、湖泊和湖塘等的地表水中。

被动污染防控技术关注的是控制污染物迁移的水文路径。这一方法也常被称为隔离包埋技术。由于隔离包埋设施在设计、施工和长期可靠性方面存在不确定性，将包埋技术作为单独的场地修复方法一般情况下不用于污染水平较高的场地修复。对于废弃物量大但风险不高的场地，包埋技术可作为修复方案的替代选择。包埋技术还应用于将消除污染源的包埋法与制度控制相结合使用的场地。

包埋技术的选择、设计和施工必须了解每一个接触与传输过程。地下水与包埋传送过程包括对流、弥散、吸附、阻滞以及生化转化等。对于所选择的修复技术，在评价其控制污染物向周围环境迁移的效率时，必须考虑这些传送过程。

7.4.1.2 地表水控制技术

通过地表水径流或产生渗滤液异地转移污染物时，需要避免发生沉降作用。为此需要采取加盖覆盖层、地表水改道、沉积及侵蚀防控系统等措施。场地重新开发作于工业用地时，可能需要增加覆盖层以防止直接接触，消除被污染的径流，最小化/消除渗透和沥滤现象，从而减少被污染的风险，并为公共健康与环境提供适度的保护。

在干旱和半干旱地区使用毛细阻滞层可以防止渗滤。毛细阻滞层采用的是在粗颗粒土壤层上覆盖一层细颗粒土壤层的方法。由于颗粒尺寸不同，水汽向下迁移受阻滞。在毛细阻滞层中，水汽储存在细颗粒材料的上层，随后它会在蒸散作用下被除去。

7.4.1.3 地下水控制

7.4.1.3.1 垂直防渗技术

使用地下垂直防渗帷幕隔离包埋污染物并使地下水水流改变方向。这些防渗技术是从传统的工程应用领域发展而成，例如挖掘基坑排水、控制地下水流穿过大坝和防洪堤或在其下方流动等，它们在有害废弃物管理领域主要应用于水平污染物传送和地下水流控制。可使用的垂直防渗技术有很多种，其中包括土壤-膨润土、水泥-膨润土、塑性混凝土制成的泥浆槽防渗墙、钢板桩、由混凝土为主要材料的灌浆或化学灌浆制成的灌浆帷幕。

被动防渗墙体系与传统的泵送再处理体系协同使用，可以将所需的泵送速率降至最低,同时降低化合物迁移的速率。垂直防渗结构在修复体系中的常见功能是阻滞清洁的地下水流入(被污染)场地。有了防渗隔离设施,清洁区域的地下水就会被阻止进入泵送再处理体系。垂直防渗帷幕还可以用于施工期间的地下水控制,例如在地面挖坑直接处理废弃物、废弃物转移或者需要增加衬垫的施工作业等。垂直防渗帷幕首先就能发挥加快施工的作用。

上行垂直隔离墙的主要目的是提供防渗隔离,即控制上行区清洁地下水流的流入。如与下行侧泵送系统协同使用,地下水抽提会重新得到已经迁移到场地下行区的污染物。使用这种方法,可以获取场地边界完成不起作用的污染物,并送回场地污染物处理程序。

下行防渗墙的主要目的是利用流到场地下方的地下水,主动淋洗来自场地下方的污染物。下行隔离墙可以有效帮助泵送再处理系统加快去除地下的污染物。落基山阿森纳的场地修复部署了这种垂直防渗墙技术。垂直防渗墙通常是嵌入或插入到场地下方的低渗透性材料中。如果防渗结构比水轻,则垂直防渗墙不需要完全透过含水层进入下方的含水层。但是,由于渗入和渗出的相对速率不同,地下水有可能在防渗墙的上行侧或在防渗墙内形成地下水壅高,考虑到这一点非常重要。地下水壅高现象会增加水力压头,结果加快了地下水向下迁移。在防渗墙设计时,需要认真考虑地下水的壅高程度以及随后的垂直迁移。

垂直防渗墙的类型选择是否合适,需要将垂直防渗墙的功能和结构与场地及地下的环境结合起来考虑。

垂直防渗墙的技术种类包括:土壤-膨润土泥浆槽防渗墙、混凝土-膨润土泥浆槽防渗墙、塑性混凝土防渗墙、膜式(结构)防渗墙、振动梁法防渗墙、深层搅拌土防渗墙、复合防渗墙、灌浆帷幕。

7.4.1.3.2 土壤-膨润土泥浆槽防渗墙

土壤-膨润土泥浆槽防渗墙也被称为泥浆墙。浆体材料是由95%左右的水和4%~6%的膨润土组成。膨润土是含钠蒙脱石黏土。最终形成的膨润土-水浆体是密度为$1.03~1.12g/cm^3$的黏性流体。

在最终产生的静水压体系中,泥浆抵消了主动土压力,从而控制住泥浆槽的坍塌。由于泥浆槽内保持正流体压力,泥浆可以顺利通过槽体槽壁,形成滤饼,滤液进入地层。滤饼是非常薄的一层完全水化膨润土,形成防渗边界。泥浆的流体压力与主动土压力相反,从而保持泥浆槽的稳定性。通过堤坝挖掘垂直防渗材料是一种方法,它沿着泥浆槽的一侧挖掘,以便后来的回填使用。基坑是在充满泥浆的泥浆槽中挖掘而成,并且基坑的侧壁基本垂直。浆体保持泥浆槽的稳定性,并保持垂直的基坑到达30m以上的深度。

在环境应用领域，土壤-膨润土回填材料的设计特征如下：化学相容性、低透水性、低压缩性、中等强度。

除了上述回填特征，施工期间回填料必须能自由流入泥浆槽，代替保持泥浆槽稳定性的膨润土-水浆体。粒径分布和回填材料的含水量是影响这些特征的最重要的土壤参数。已经使用包括从纯砂到高塑性黏土在内的不同材料成功制备出土壤-膨润土回填材料。

7.4.1.3.3 混凝土-膨润土泥浆槽防渗墙

为了保持泥浆槽的稳定性，在泥浆顶部下方开挖混凝土-膨润土泥浆槽防渗墙。一般情况下，浆体是由水、水泥和膨润土组成。混凝土发生水合作用后，水、混凝土、膨润土和挖掘的悬浮砂粒结合在一起形成与硬黏土一致或更强的硬化材料。水泥-膨润土防渗墙为单相工艺，广泛应用于美国。

7.4.1.3.4 塑性混凝土防渗墙

塑性混凝土是由水泥、膨润土、水和骨料设计而成的混合物。水泥-膨润土不含骨料，水含量非常高。塑性混凝土泥浆槽通常在护板中挖掘，在填充浆料的泥浆槽中放入塑性混凝土，替换掉挖掘基坑用的膨润土-水浆料。与其他替代材料相比，塑性混凝土更耐污染。塑性混凝土要比土壤-膨润土材料强，且透水性更低。

7.4.1.3.5 膜式(结构)防渗墙

在膜式(结构)防渗墙中，泥浆槽是在膨润土-水浆料的顶部下方开挖，从而保持泥浆槽的稳定性。但是，它是在护板中挖掘，每块板长度6m，在膨润土-水浆料中放置加固钢筋。然后通过漏斗法浇注混凝土，用高坍落度混凝土替换掉浆料。

膜式(结构)防渗墙广泛应用于需要提高墙体强度的应用领域，例如以防渗墙作为部分加固结构的体系。

7.4.1.3.6 振动梁法防渗墙

振动梁法防渗墙已被用于建造垂直防渗墙，主要用于控制污染物的水平迁移。使用末端专门配置射出喷嘴的振动打桩机将特殊改进的工字梁推进到地下。在推进过程中，射入灌浆润滑打入桩。抽出工字梁时，留下与工字梁大小相同的空隙。随着工字梁的抽出，通过射出喷嘴泵入的灌浆充满该空隙。后续的工字梁灌浆相互叠加，最终形成厚度一般为5~8cm的连续隔离防渗墙。浆体可以是水泥-膨润土或沥青混合物。这一体系的主要优点是不再需要挖掘潜在的被污染材料，并且成功应用于浅层砂质土壤环境。

7.4.1.3.7 土壤深层搅拌墙

土壤深层搅拌可用于修建控制地下水水层流动的垂直防渗墙。研制了一种特殊的螺旋搅拌轴，它可旋入地下，同时能够射出由膨润土和水或者混凝土、膨润土和水组成的浆料。如果需要增加强度，可以增加加固措施处理土壤柱。通过叠加渗透材料获得连续墙体（0.5~0.9m 宽）。在混合过程中，加入膨润土形成膨润土-水浆体；膨润土的添加量可以精确到1%。由于不再挖掘传统泥浆槽防渗法所需要的材料，安全和卫生的风险被降至最低。

7.4.1.3.8 复合式主动垂直防渗墙

已经使用多种材料组合建造垂直隔离墙，最终得到复合隔离墙。在泥浆槽防渗墙内增加防渗土工膜就属于这类复合材料。复合防渗墙具有较低的渗透系数和更强的抗污性能。

7.4.1.3.9 灌浆帷幕

泥浆槽防渗墙技术仅适用于易于挖掘的土壤。如果需要在不易挖掘的材料（例如石头）上布置控制地下水水平流动的垂直隔离墙，则最适合这类环境而且最常用的替代选择方案就是在岩石上安置灌浆帷幕，即通过压力注射将可泵送材料送入岩石的孔隙和裂缝中。灌浆可以由多种材料制造而成，例如水泥、硅酸盐、火山灰以及各种化学材料。在有害废弃物-包埋体系中应用的灌浆技术已经发展到传统的岩土工程领域，例如减少大坝和防洪堤底部的渗漏。

7.4.1.3.10 垂直防渗墙的性能

对于放射性废弃物存储设施来说，隔离墙所需要的设计服务寿命通常少则10年，多达1000多年，因此隔离包埋体系的长期性能是重要的性能组成部分。有害废弃物管理需要进行风险评估。泥浆槽防渗墙等隔离包埋体系失效的原因可以分为施工缺陷或施工后的性能变化。施工缺陷指的是隔离墙中会造成污染物局部迁移速率加大的异常现象。

除了施工缺陷，隔离材料的长期性能变化也必须检查。

性能变化可以源自以下原因：冻结和融化周期、干湿周期、防渗墙材料干燥、化合物不相容。

冻融周期增加了隔离墙的水力渗透系数。干湿周期必然会引起地下水位波动，尤其是在地下水位波动明显的位置。垂直隔离墙的性能与具体的场地修复预期以及目标密切相关。

能同时影响隔离体系施工及其性能的重要特定场地条件包括：特定场地的土地用途、场地地形、设备安装是否方便、具体场地的地质特征、具体场地的水文地质特征、岩土工程方面的注意事项。

施工质量保证（QA）和质量控制（QC）是隔离墙项目是否成功的关键性综合

要素。质量保证给项目的利益相关方提供了隔离墙项目性能检验的方法,即检验承包商是否已经履行了项目的设计标准要求并将相关的整体风险降至最低水平。

7.4.1.3.11 水平防渗体系

被动污染控制体系包括水平防渗层和垂直防渗层。与垂直防渗层一样,地下水平防渗层主要用于包埋污染物并改变地下水的流动方向。在有害废弃物管理中,用于控制污染物纵向移动以及地下水流动方向的地下水平防渗层可以按照布置要求进行分类。它们中有的可以原地施工,有的不行。原地施工意味着防渗层可以建在已有废弃物场地或被污染尾流通道的下方。大部分水平防渗层必须在废弃物或污染物上加盖覆盖层前施工。这些水平防渗层(或衬垫体系)发展自运河、大坝和蓄水库等传统的地下水控制应用领域。水平防渗层的一个作用是隔离包埋污染物。在场所下方原地建造的水平防渗层可以降低污染物的迁移速率。这一点对于含有重非水相液体(DNAPL)的场地来说特别重要。地下水泵送系统无法完全控制 DNAPL 液体受重力影响向下迁移。利用水平防渗层被动包埋污染物(例如垃圾填埋衬垫)被广泛应用于有害废弃物管理场地的修复,通过挖掘废弃物以及被污染的土壤并在垃圾填埋场进行处理可以完成这一过程。

7.4.1.3.12 浇灌的衬垫体系

水平防渗灌浆已被成功用于控制地下水汇入基坑。方法的有效性可以通过这些应用领域进行验证。浇灌的水平防渗体系有望很快应用于废弃物包埋领域。如果场地下方存在自然形成的低渗透性材料,例如黏性土壤或保持原貌的岩石,则自然形成的低渗透性能是首选的底部包埋屏障。

7.4.1.3.13 阻截位移技术

阻截位移技术使用的是常用于提高石油采收率的水力压裂原理。当流体压力大于总应力时,地下材料发生水力压裂。阻截位移技术实际上是一种特殊的灌浆形式;它使用高压压裂土壤,然后将灌浆泵入裂缝,形成水平屏障。这项技术已经得到试验研究证实,但是尚未被实际应用于场地修复。

7.4.1.3.14 泻湖密封技术

有时候,当泻湖仍然处于服务期时,泻湖的底部产生泄漏。这时候可以在泻湖底部设置水平阻隔层降低泄露。原地水平防渗施工所用材料是膨润土。膨润土是高膨胀性黏土,可以加工成颗粒状。每个颗粒大小与沙粒类似,但是是由上千个胶体大小的膨润土颗粒组成。

在泻湖表面上分散开时,这些颗粒开始下沉并在泻湖底部形成覆盖层。在合适的水相环境中膨润土颗粒与水结合会发生明显膨胀。原地膨胀过程产生低渗透性衬层。该体系的主要制约条件是泻湖中的液体化学性能。呈现酸性、含有有机体或高浓度电解质的液体会抑制膨润土的水合性能，同时阻碍低渗透性阻隔层的形成。

7.4.2 主动修复体系

主动修复体系控制或隔离污染物迁移。主动系统需要持续输入能量，主要有泵送再处理系统、电动系统、原位生物处理系统以及土壤淋洗系统等。

7.4.2.1 泵送再处理技术

有害废弃物管理场地经常采用泵送再处理技术修复被污染的地下水。在这种通用方法中，它首先使用包括井、井点和排水管瓦在内的多种恢复方法中的一种抽提地下水。

泵送再处理系统的目标包括：液压隔离包埋被污染的地下水；去除地下水中的化学物质。

优化井口布置并将泵送速率降至最低，液压隔离系统提供的是一种长期隔离被污染地下水的低成本方法。

一旦从地下提取出地下水，可以采用多种水处理方法处理，例如气提法、碳吸附法，或者使用生化法处理有机物以及物化法处理无机物。因此，泵送再处理法是在特定场地的基础上发展而成的方法，可用于一系列场地环境和一系列污染物类型和浓度。虽然地下水泵送再处理系统在大规模去除修复技术方面的价值表现有限，但是它在保持液压控制隔离被污染的地下水方面通常是有效的。

7.4.2.2 曝气修复技术

在修复被挥发性有机物污染的地下水方面，可以考虑使用原位曝气修复替代泵送再处理修复。曝气修复在概念上指的是将空气喷入地下(在饱和区)加快挥发性有机污染物从水相向蒸气相转移。曝气修复技术通常与不饱和区实施的土壤气相抽提协同使用。早期的曝气修复技术研究表明，空气进入地下不仅会引起蒸发，而且还会促进好氧生物降解。如果用流速加快生物转化，则使用相对于蒸发速率要低的流速，这种做法被称为生物曝气。曝气法的主要优势是原位蒸发溶解相中的污染物，解吸并挥发吸附在土壤基体中的污染物，以及更好的好氧生物降解。

对于被挥发性有机物污染的地下水修复来说，井内气提可作为泵送再处理的替代方案。

气提法只是将污染物简单地从一种介质(例如水)转移到另一种介质中(例如空气)。降低地下水中的污染物浓度给公共健康带来了必要的保护，然而增加大气中的污染物并不合理。有些情况下，气体可能需要采用活性炭等技术进行处理。气提法仅适用于挥发性和半挥发性化合物。由于水中含有铁、藻类、细菌、真菌和细颗粒物等，气提塔易于结垢。

7.4.2.3 电动现象

在细颗粒土壤(淤泥和黏土)中施加电场会产生电动现象，它可影响水、电荷和物质的运动。电动指的是电荷的物理化学迁移、带电粒子的活动，它影响地层上的外加电势以及流体在多孔介质中的迁移。

当离散的土壤颗粒带有影响和控制颗粒运动的负电荷时，土壤中会产生电动现象。土壤颗粒的表面电荷有不同的产生方式，例如出现断键、同晶形替代等。土壤中发现的电动现象包括电渗、电泳、流动电势和沉降电势等。电渗是指外加电势梯度作用下引起的与实体墙相关的流体运动。电泳是施加电势梯度使悬浮在液体中的带电粒子产生的运动。流动电势与电渗相反。沉降电势是悬浮在液体中的粒子运动产生的电势。电渗和电泳是影响电动土壤修复的电动现象。

7.4.2.4 排水管瓦收集系统

排水管瓦收集体系是在地下挖掘连续基槽，然后铺设收集管道和过滤介质建造而成。到目前为止，拉夫运河是排水管瓦收集系统作为场地修复构成部分最为人所知的应用实例。排水管瓦收集系统的连续性阻截了许多可能使水环绕抽水井运动的地下特征，其中包括砂缝、底部孔洞、埋地管和先前已填入的地表排水管线。因此排水管瓦收集系统更适合应用在地下地质不同和各向异性的地质环境。如果有浮动污染物，则排水管瓦收集系统可能只需要浅层阻截地下水位。对于非常深的基槽，工作人员的人身安全是主要问题。

7.4.2.5 生物高分子提取/阻截槽

生物高分子泥浆槽是一项相对迅速、安全和有成本效益的连续性地下排水施工技术。该技术是以人们早就知道并采用的泥浆槽方法为基础建造的地下排水系统。

在生物高分子排水技术中，泥浆是由生物可降解材料、添加剂和水混合而成。在生物高分子技术中，基槽用多孔排水介质回填。基槽内加入添加剂会使泥浆降解成水和天然碳水化合物。

可以通过垂直放入基槽中的井管提取泥浆槽中的地下水。为了保持井管垂直，可以在其周围放置砂砾，剩余的泥浆槽砂砾回填材料推进泥浆槽中。泥浆槽挖掘好后，可以同时使用柔性管道和铺管机沿着泥浆槽底部铺设水平排水管。

7.4.2.6 土壤气相抽提技术

土壤气相抽提技术作为可选修复方法，可去除挖掘的土壤堆中存在的挥发性有机化合物。土壤气相抽提技术利用空气流经土壤，将土壤（或水）基体中的污染物转移到空气气流中。

该技术会随着处理体系的具体位置和气流的形成方式不同而有所变化。在污染区域安置气相抽提井或多孔管线，并启动引起土壤中气体运行的真空抽提，从而完成土壤气相抽提体系的施工。土壤气相抽取体系通常包括去除土壤气体水分的气水分离器，然后是排放到大气前的蒸汽相处理。

可以通过以下可选方法/改进措施强化土壤气相抽提系统：

① 在蒸汽抽提井中安置地下水抽提泵，降低地下水位，或者同时去除被污染的地下水；

② 在地表上方安置不透水隔离层，使表面的气流短路降至最小，从而提高影响半径；

③ 在污染区周围安置空气补给井，强化土壤气体通过被污染土壤的运动；

④ 利用压缩机强制清洁空气进入补给井中，强化土壤中气体的运动；

⑤ 在被污染地下水区域安置井口，并吹送空气使之流过地下水（曝气）。引发的气流加强污染物的挥发。

控制原位土壤气相抽提系统性能的变量有三个，在系统设计时必须予以考虑：抽提井的间距、地下修复区引起的气流速率、地下压力。

设计时必须予以评估，并且与具体污染物有关的其他变量包括：压力梯度、土壤中挥发性有机化合物的名称和浓度、抽提气体中挥发性有机化合物的浓度、抽提气体的温度、提取气体的含水量、用电。

7.4.2.7 渗透性反应墙

修复技术的新成果是广泛使用的渗透性反应墙技术，它也被称为地下水修复的渗透性反应隔离墙技术。

反应墙是穿过污染流体流动路径建造的可渗透半永久性或可替换结构单元。地下水中的污染物通过包括固定、降解、氧化、还原、吸附和沉淀在内的物理法、化学法或生物法除去。每一种反应都取决于许多参数，例如酸碱度、氧化/还原电势、化合物浓度和动力学因素。

反应墙并不用于隔离包埋地下水流，而是用于隔离地下水中存在的化学物质，同时让未被污染（处理过）的地下水流透过反应墙。

处理技术也属于被动修复技术，不需要连续输入能量启动泵送系统或处理系统。因此，大大降低了运行和维护成本。然而，当处理能力耗尽或由于沉淀发生堵塞后，会要求定期更换反应媒介或做复活处理。反应墙有两种设计类型：原位反应幕帷和漏斗-通道系统。

原位反应幕帷是在地下水尾流下行部分建造基槽，这么做扩大了整个尾流的宽度。包含反应墙在内的反应材料安装在基槽中，被污染的地下水穿过反应墙时被修复。反应幕帷的渗透性能需要大于或等于周围地质材料的渗透性能，以便地下水容易汇集到幕帷位置。如果反应墙的渗透系数小于周围含水层的材料，则地下水易于向反应墙四周转移。

防渗墙和反应幕帷结合在一起就是我们所知的漏斗-通道系统。低渗透性防渗墙(漏斗)与反应墙(通道)结合在一起，漏斗起到将地下水流汇集到通道中、阻止污染物在通道周围横向运动的作用，不需要使用反应墙扩大整个污染物尾流的宽度。本方法的主要优势是可以控制地下水流并减少反应墙的长度。

7.4.2.8 降解反应墙

降解防渗技术使用强化的生物降解法或化合物破坏机理，将地下水中的污染物破坏或降解成无害的产物。生物法隔离墙通常是可透性反应墙，其中注入营养成分，提高了反应墙内和下行侧的生物活性。

第 8 章 废弃物最小化

8.1 引言

废弃物最小化或从源头减量是最理想的工作方式，因为它不会带来废弃物处理和回收的费用，同时也不会出现废弃物交付到废弃物管理系统进行处理的情况。但是，由于早期的废弃物管理系统未纳入这项内容，因此，废弃物最小化成了非常缺乏经验的工作。

为了在源头减少废弃物的产生量，最实用也是最有前景的方法似乎是实施工业标准减少产品制造与包装的用料，通过立法最小化新物料在消费品中的应用，或者征收废弃物管理服务税费，惩罚增加废弃物数量的行为对象。

废弃物最小化可以降低生产、终端处理、卫生保健和环境清理的成本。它也降低了工作人员、社区、产品消费者和下一代的风险。废弃物最小化的先决条件是愿意、承诺、开放思维、团队合作和有组织的方法。物料平衡和能量平衡是废弃物最小化的重要组成部分，它们不仅用于确定物质和能量的输入和输出，而且它们的经济意义关系到废弃物中的原料成本和最终产品的成本，还关系到能量损失、废弃物处理、废弃物运输、固废处理、污染费和罚金等。

废弃物最小化可以降低成本，提高工艺效率和生产力，保持或增加竞争力，减少长期负债的可能，降低当前和未来的监管责任，改进工作场所的安全和环境质量，同时也保持或改善公众形象。废弃物最小化的基础是 4R 原则，即减少来源(Reduce)、再使用(Reuse)、循环(Recycle)和回收(Recover)。

① 减少来源。首要的考虑要素是避免产生不必要的废弃物，消除不必要的消费，改进工业及商业流程减少废弃物，避免不必要的包装，用可重复使用的产品替代一次性产品，购买耐用的、可长期使用的产品。

② 再使用。再次使用物品、工具或材料，使用可反复充装的容器、耐用品替代一次性用品和可重复使用的包装。

③ 循环。使用废弃物料代替新料生产新产品。循环方式有多种，净环境影响必须低于使用新料的影响，才能成为合适的方式。

④ 回收。包括能量回收和材料回收，来源包括废弃物、能量回收、垃圾

衍生燃料设施以及回收电子废弃物中的金银等。回收原则常被认为背离了减少来源、再使用以及循环等原则，可以不选择这些循环措施，但是要注意不能产生有毒的排放物。

8.2 城市固体废弃物最小化

从源头分类、从源头再使用及循环、从源头处理(例如庭院堆肥)等措施有助于废弃物最小化(见图8.1)。修改产品包装标准、使用可回收材料可以减少废料量。

图 8.1 废弃物形式示意图

某些发达国家采用的一种废弃物管理方法是按照废弃物的量(例如罐数或吨数)收取不等的费用，这种做法通过经济手段刺激废弃物生产者减少需要收集的废弃物量。与采用收取不等费用有关的问题包括产生收益以便支付处理实施费用的能力，管理复杂的监测与报告服务网络，生产者实在多大程度上将废弃物放置到别处而未减少来源。

8.3 工业固体废弃物最小化

制造行业将新原料的使用量降至最低推动了回收原料的替代应用。废弃物最小化是产品及其制造工艺的创造性思维方法。它是通过持续地采取方法将废弃物及排放物的生成降至最低而实现的。废弃物最小化需要纳入降低成本、节约化学品和辅料、节约用水以及市场需求等内容(ISO 14000)。废弃物最小化的优势包括增加利润、提高质量、降低处理成本，改善工厂环境以及营造良好形象等。它可以降低生产、终端处理以及环境清理的成本。它还可以降低工人、社区、产品消费者和下一代的风险。废弃物最小化可以塑造良好的商业意识和环保意识。而且它未必需要大量投入资本。它为各种进一步的污染控制措施奠定了坚实的基础，而且已经在包括印度在内的世界许多地方得到了证明。

废弃物最小化的先决条件是愿意、承诺、开放思维、团队合作和有组织的方法。废弃物最小化评估是系统性的计划过程，其目的是确定消除或减少废弃物及排放物产生的方法。

废弃物最小化评估由六个步骤组成：准备开始、分析过程步骤、形成废弃物最小化方案、选择废弃物最小化方案、实施废弃物最小化方案、保持废弃物最小化。

废弃物最小化技术包括良好的管理习惯、进料调整、优化工艺控制、设备改进、技术优化、循环/再使用、回收、副产品加工以及产品改进。图8.2介绍了不同的废弃物最小化技术。

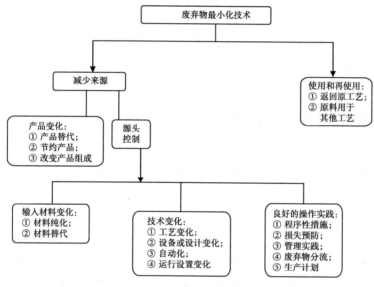

图8.2　废弃物最小化技术

物料平衡和能量平衡非常重要，它们不仅可以确定物料和能量的投入和产出，而且因为它们的经济数据与废弃物中的原料、废弃物中的最终产品、能量损失、废弃物处理、废弃物运输、固体废弃物处理等费用，以及污染费和处罚等有关。不同的废弃物管理实践包括：良好的管理习惯，即采取合适的管理和操作习惯，避免产生泄露溢出；输入物料替换成毒性更少或可再生原料，或者生产过程中使用使用期限更长的原料；改变操作程序更好的控制工艺，改进设备，保存工艺记录，从而使工艺运行效率更高、废弃物和排放物更低；利用相同的工艺将公司内的废弃物料重新生产另一种有用的产品；生产有用的副产品，即将废弃物料转化成有用的副产品，作为原料销售给不同业务部门的公司；改变产品的性能，以便在使用过程中或使用后(处理)最大限度减少其对环境的影响。

废弃物最小化的其他术语包括如下：清洁生产、污染防治、污染防治计划（3P 计划）、绿色生产力。

废弃物最小化技术大致可分为三个技术水平，详见表 8.1。公司经常使用多种方法或多种方法相结合的形式同时解决特定的废弃物管理问题。

8.1 废弃物最小化技术的三个技术水平

技术水平	投资	减费潜力
良好的管理和直接再使用，有认知，有管理，重新检查操作规程，尽可能直接再使用，建立监测信息系统	低	中等
回收废弃物中的资源；对废弃物进行表征与分离；在生产过程以及处理设施循环、再使用和回收废弃物	中到高	中到高
生产工艺变化，通过清洁技术、技术升级、更换原料设备以及工艺实现废弃物最小化	高	高

8.3.1 技术水平1：良好的管理

良好的管理旨在以最有效的方式运行机器和生产系统。因此，这是管理的一项基本任务。例如，正确操作以及定期维护保养设备，通常可以从根本上降低物料的泄漏以及过度使用。提高管理实践通常不需要投入大量的资本，却常常可以减少 1/4~1/3 的废弃物。

人们在很多行业发现，公司的环境成本有 1/4 来自包装的损失（即材料在存储、运输和处理过程中的损失）以及生产运行未达到最佳运行标准。通过相对简单的管理实践，取得了显著的节水效果。通过一些显而易见的实践活动可以显著降低废水量，例如关闭停用设备的供水，在室内安装自动断流阀，仅向设备提供最适宜的水。水的减量或再使用的主要目标是包括锅炉运行在内的冷却水系统。但是收紧用水量必须建立在合理的基础之上。还可以通过循环程序降低耗水量和废弃物的产生量。纺织企业可以采用逆流洗涤技术减少用水：将污染程度最少的最终洗涤工序用水重新用于相邻的上一道洗涤工序，以此相推，直至水到达第一道洗涤工序，然后排出系统进行处理。此外，在纺织行业，有时候用热水代替冷水可以将耗水量降低一半。一家生产药物制剂的企业正在将其废水用于地板或容器清洗。在另一家生产合成纺织品的企业，排放到废水被循环用于加湿设备。

良好的管理需要关注细节并且监测原料流与影响。有许多公司仍然不清楚它们产生的废弃物以及污染物有多少以及属于什么类型。废弃物最小化从准确的测量、识别废弃物开始,然后对其进行分离。信息技术的进步也使环境监控变得更加方便实惠。有些公司通过引进精确的废弃物检测和跟踪系统已经取得了明显的优势。

欧洲的一家跨国制药公司,它的染料产品质量非常受欢迎,即产品较高的色彩强度和稳定性可以承受一系列化学的、物理的和生物的作用,但是这却使一般的生物处理方法难以处理生产过程产生的未处理排放物。无处理排放不在考虑之列,建造能脱除排放液颜色的处理厂要比处理厂自身标准化付出更多的成本。研究后发现,各个新染料之间需要的清洗工序是高度着色污水的来源。由于公司生产许多不同颜色的染料,因此工厂不得不平均一周调整两次。其中包括完全清洗生产装置,从而避免各种染料之间交叉污染。

不用再排放这类污水,公司决定采用收集并储存的方式,并在下次生产染料时循环利用。为了最大限度减少储存这类废水,公司还设计出最小化用水的工艺。虽然公司必须保持大约300t的储水量,约占工厂三分之一的空间,新的闭环生产系统已经帮助公司从水中回收超过3%的染料。仅用了两年的时间,这就收回了必要的投资成本。化学需氧量(COD)和生化需氧量(BOD)负荷降低了近75%,而产量增加了25%。

水是纸品加工过程的主要输送载体,每吨纸品的耗水率通常非常高,这是众所周知的一个事实。污染控制委员会实施了非常严格的标准,尤其是针对大型一体化纸浆造纸企业的耗水率和废液排放速率,即执行$175m^3/t$纸的标准要求。

一家位于安得拉邦的纸浆造纸企业采取了特殊的技术力求节约用水,例如有效地废水循环、预防渗漏、最小化泄漏、培养工人的节约意识等,从而将污水排放降至最低水平。此外,通过某些技术升级改进,例如用二氧化氯漂白代替传统漂白法,最终显著降低用水量。他们还采取了各种各样的节水技术,对不同的装置工艺进行了详细而全面的研究,以便升级提高和有效处理固体废弃物、减少气味、进一步减少耗水量。在2~3年的时间内,污水排放速率已经从平均生产1t纸耗水$300m^3$左右,降低到每生产1t纸耗水$158m^3$。在印度工业界,类似的例子有很多,它们从良好的管理、合理化的运行环境以及直接再使用中已经得到了实质性的好处。接下来将介绍代表一系列不同情况的示例。

8.3.1.1　水环真空泵在制药厂的直接循环应用

在化工行业使用水环真空泵产生真空是通常的做法。一般情况下,水被有机物污染后,会通过这些泵抽到处理厂。一家位于孟买的制药公司,每天大约有$150m^3$的这类污水通过泵送进入集水池,并在系统中循环(即在相同的水环真空泵中反复使用）。为了避免腐蚀和变味，通过实验发现大约 500mg/L 的 COD（化学需氧量）水平成为非常好的废水排放分界点；还发现化学需氧量初始值约为 30mg/L，大约需要 20 天达到 500mg/L 的化学需氧量值。因此，对于以 150m^3/d 的排放速度，经过 20 天的时间，由于循环而节约的总水量达到 3000m^3 或 37620m^3/a（按每月运行 22 天计算）。这就相当于由于耗水量降低每年节约 45 万卢比，而建造集水池的资本投入为 2 万卢比。

8.3.1.2　水在化肥厂的再利用与循环

在一家位于印度苏拉特的联合化肥厂，水的再利用与循环所取得的收益的确令人刮目相看。通过国内开发以及海外的外国咨询机构帮助，实现了这一成绩的取得。这些新措施的成本计算达到 2 亿卢比，投资回报期不超过 8 年。

从 1967 年开始，将处理过的市政废水处理后再次应用于工业生产及其他领域印度的有些企业得到应用，尤其是在孟买、古吉拉特和钦奈等缺水非常严重的地区，除了通过处理进行再利用以外，几乎没有别的可选择方法。一家位于孟买的跨国化工企业建设了一套类似的污水处理与再生装置，每天可处理 5000m^3 由生活污水和工业污水组成的未经处理的污水。未经处理的污水水流大约有 90%~93% 被转化为可再用水，并作冷却水使用。

然而，将处理过的污水循环用于工业生产是一个需要更多控制和研究的领域。下文的石化装置案例研究强调了这一点。

8.3.1.3　废水处理后在石化企业工业生产中的再应用

一家位于钦奈附近的石油化工企业将经处理的废水循环应用到环氧丙烷反应器中。在环氧丙烷反应器中，使用未净化的水将氯溶解在次氯酸中，然后它与氯乙醇溶液中的丙烯蒸气反应。满负荷条件下水的需求量高达 65m^3/h。被处理过的废水含盐量很高。作为废弃物最小化的组成部分，经过处理的废水会在反应器内部产生发泡问题，因而造成反应器和下游设备之间出现较大的压力降。此外，观察还发现再利用后产生的盐度或废水非常高，因而使生物处理法变得难以胜任。考虑到上述问题，废水处理后的循环利用只能限制在每小时 20m^3 以内，即只能满足要求的 30%。

人们注意到在乳液或石灰制备领域，水的另一个低质量要求的应用领域。因此一部分经过处理的废水被转用于该应用领域。但是人们发现废水再利用后无法达到石灰乳所需要的浓度。因此，废水处理后有一次被限制在每小时 8~10m^3 的应用领域。

8.3.2　技术水平 2：废弃物的资源回收

原料之所以会从废弃物中分离出来是出于其经济效用。接下来的案例证明了印度的企业是如何实践资源回收，通过调查研究和想象力将"废弃物"事实上转化成"资源"的。

一家生产钒酸盐和化学品的企业回收漂浮性的油脂酸，并将其用于生产块皂。在同一家企业，大量的生物污泥经过干燥处理后被当作肥料使用。

一家综合型化工企业的生产过程排放出七股污水。其中有四股污水中含有锌。它们经过氢氧化钠处理后获得氢氧化锌副产品，并在生产装置上使用。每个月从排放污水中大约可以回收30t氢氧化锌。锌处理产生的一部分水在其他厂被当成原水使用。用量大约为每天40000L。含25%氯化钠的另一部分溶液被重新利用；再使用的量大约为每天10000L。

净化技术的实施大致有两种选择：尝试通过再利用和回收最大可能提高现有的生产效率；按照新的运行参数、设备、改进措施，或根据新的生产路线和原材料改进生产流程。

第1类选择比较普遍，工业化发达国家的经验反映了这一点。它在更大范围内推广应用需要开发并建立跨部门的或"中心式"的净化技术。这类技术的实例有膜过滤技术、电解法、吸附法和臭氧化处理技术等。目前，这类技术在印度工业界尚未得到商业化规模的广泛应用。

第2类选择主要用于检验生产流程的变化，属于次优选的选择方案。这一态度大致可以归因于缺乏关键技术、资本投入高以及面对变化的惰性。可以将这类技术称为特定部门的生产技术。它们的应用实例有纺织品用转印油墨、制革工业用的无铬鞣制技术、纸浆造纸工业用连续法低污染漂白技术等。

如何通过寻求创新解决方案，可以将有废弃物产生的明显不利条件转化成经济上的有利条件，这方面的实例也有不少。这些实例也说明在印度工业界，日益严格的污染防控法规是如何帮助推动副产品回收或循环系统的创新发展的。下文引用了几个这方面的实例，以便帮助读者更好地领会这种选择的技术经济潜力。

8.3.2.1 回收农药企业的硫化氢副产品

农药企业面临在有机膦杀虫剂生产过程中产生的硫化物处理问题。五硫化二磷和乙醇反应产生硫化氢气体。早些时候，在使用液化石油气（LPG）作为辅助燃料的火炬中燃烧掉这一气体，否则释放出来会造成严重的恶臭污染。作为一种替代方法，现在硫化氢气体使用苛性钠溶液吸收处理，同时得到副产品硫氢化钠（NaSH），这在染料制造工业是需求量非常大的还原剂。现在，大约有75t的硫化氢被净化回收生产副产品硫氢化钠。这一转变的经济性是有利的：

对于100万卢比的资本投资来说，只需要10个月时间就可以收回成本。

8.3.2.2 回收染料及其中间体企业的二氧化硫副产品

可以引用一家染料及其中间体公司作为第二个实例。这家公司每年生产1300t偶氮染料、非联苯胺染料以及染料中间体。产品所用的原材料是萘，首先进行磺化和硝化反应，继而再进行还原、分离、过滤和染色处理。在分离步骤，使用硫酸得到不同的染料和中间体，同时在这一步骤产生二氧化硫。

在实施回收方案之前，二氧化硫用氢氧化钠洗涤除去，从而生成亚硫酸钠。亚硫酸钠溶液在废水处理厂得到处理。随着生产规模的扩大，二氧化硫回收的经济效益也越来越受关注。亚硫酸铵是生产有些染料中间体的必需材料。利用回收的二氧化硫生产亚硫酸铵是另一个推动因素。以200万卢比为投资资本(通过金融机构获得)，投资回报期大约需要36个月。

8.3.3 技术水平3：生产变化：以净化技术实现废弃物最小化

相对于传统的废弃物处理方法与末端治理技术的对比，废弃物最小化与净化技术之间的差异值得详细重述。实施净化技术需要大规模改变现有工艺或进行整体替换。此外，净化技术与特定工艺关联性非常高，即使已经存在基础技术。经常需要相当大的开发工作才能形成适用于某个具体企业的解决方案。

使用过时的或者效率低的技术，或者工艺控制较差，都会造成非常大的污染。寻求改变生产过程。例如，使用不同类型或物理形态的催化剂改变原料，使用水性涂料替代以挥发性有机化合物(VOC)为基础的涂料，氧化反应时采用纯氧替代空气，使用萜烯或二氧化碳替代含氯或易燃溶剂，塑性喷射介质或干冰颗粒替代喷砂，无损检测时采用干粉显像剂替代湿显像剂，零部件采用热风干燥替代溶剂干燥等。优化装置工艺操作的相对位置，研究可行情况下整合装置运行，替代连续搅拌槽反应器的优化反应器设计方案，研究独立的反应器处理循环及废料物流，研究不同的反应物添加方式(例如浆料、固体粉末等)，改变添加反应原料的顺序，开发基于可再生资源而非石化原料资源的化学合成方法，间歇式操作转化成连续操作。考虑可以带来的操作变化，例如应引入用电脑处理的材料库存系统，在合成有机化学品制造业(SOCMI)减少存储、装卸操作过程中的环己烷溶剂的排放。

废弃物转换信息可以帮助工业废弃物找到这些材料的潜在用户，并使工业废弃物能够从一家公司转移到另一家可以作原料引进的公司。表8.2列出了产生废弃物的行业、用户及用途。

表 8.2 废弃物转换方案

产生废弃物的行业	废弃物	废弃物使用对象	用途
化工	化学石膏	混凝土	混凝土
电子电器	有机溶剂	化学品	溶剂油
食品	面片	牲畜	动物饲料
塑料	废塑料	塑料	人造木材
热电厂	粉煤灰	混凝土	混凝土

第9章 环境影响评价

9.1 引言

一切人类活动都会对环境产生一定的影响。但是人类活动又是满足食品、安全及其他方面需求所必不可少的。这需要人类活动与环境问题相协调。环境影响评价(EIA)是有助于规划者实现这一目标的工具之一。因此，人们希望确保考虑后所选择的发展过程是可持续的。在进行环境影响评价时，对环境的影响后果必须在项目周期循环之前进行表征，同时在项目设计过程中必须考虑在内。环境影响评价的目标是预见所提出的项目在发展过程中可能出现的环境问题，并在项目计划和设计阶段予以设法解决。环境影响评价是在准备可行性报告启动之时将环境问题融入到项目开发过程中综合考虑，这样在项目开发时可以综合考虑环境问题以及相应减缓措施。在项目设计时，环境影响评价通常可以避免日后的环境问题或大量的费用支出。无论是规划还是决策，环境影响评价即是政策，也是管理工具。对于提出的发展项目，进行环境影响评价有助于确定、预测与评价可预见的环境影响。

环境影响评价(EIA)是指：

① 由所考虑的行为活动或系列行为活动直接造成的，或者诱发造成的，不利的或者有利的，各种环境条件变化，或者新的环境条件的形成。

② 一组管理程序，有助于理解社会经济增长活动对环境可能产生的影响。

③ 一项活动，用于鉴定和预测立法建议、政策、规划、项目与运行程序对社会健康与幸福的影响，并解释和交流影响有关的信息。

④ 旨在评价所提出的行动对环境清单中各个主题词的影响。

⑤ 确定某一项目环境影响的管理程序。

⑥ 一项用于规划和决策的政策与管理工具，有助于确认、预测和评价所提出的发展项目、计划与政策的可预见性环境影响。环境影响评价的研究结果有助于决策者和一般公众确定项目是否应该被实施。环境影响评价不做决定，但是它对做决定人来说是必不可少的。

⑦ 环境分析的文档记录，其中包括确认、解释、预测及减轻由提出的行

动或项目引起的可预见性影响。

根据1986年的《Environment（Protection）Act[环境(保护)法]》，1994年出台了《EIA Notification(环境影响评价通告)》，随后在1994年、1997年、2000年和2006年发布了修订版本，这就使环境影响评价成为处理30种不同类型活动、行业中概率很大的危险/事故的法规依据。环境影响评价是规划人员保证其正在考虑的发展项目选择是可持续的可用工具之一。环境影响评价的目标是：确保在项目设计的适合阶段解决环境方面的问题并预知潜在的问题；在开始可行性报告准备的时候，将化境问题融入到发展活动中整体考虑；帮助决策者根据可持续发展的基本原则，预防、保护并管理环境，从而实现或保持人类的健康与幸福以及良好的环境。

环境敏感区域包括宗教场所、历史古迹、考古遗迹/遗址、风景名胜区、高山/丘陵度假胜地、海滩度假地、盛产珊瑚的沿海地区、红树林、特殊物种繁殖地、河口、生物保护区、国家公园、野生动物保护所、湖泊、沼泽、地震带、少数民族定居地、科研及地质重点区域、国防设施，尤其是那些具有安全重要性的以及对污染敏感的地区、边境地区(国际)、机场、老虎保护区/大象保护区/海龟筑巢地、候鸟栖息地、水库、水坝、溪/河流、铁路沿线、高速公路等。

环境评价指的是理解环境的目前状况以及因为所提出的活动对环境影响，同时研究如何对其进行管理。环境影响评价可能是选择工艺技术路线和项目地址客观的、跨学科的、最有价值的工具之一。这是一项具有预见性的机制，它可以在开发项目提议之前、过程中以及之后，建立表示环境质量参数的量化值，从而有利于采取措施保证环境的相容性。从环境影响评价所需要的资源、时间和资金投入来看，通过密集的现场监测收集基准信息是环境影响评价的关键组成部分之一。

环境影响评价可以被认为用文档记录环境分析，其中包括确认、实施、预测以及减缓发展活动提议所造成的环境影响。

快速环境影响评价(REIA)是指根据一个季节(4个月)的监测采集基准数据所进行的环境评价。综合环境影响评价(CEIA)是指根据三个季节(12个月)的监测收集基准数据所进行的环境评价。

快速环境影响评价报告的目标是就所提出的项目活动，以及其对周围环境的影响给出大致的观点。项目倡议者必须向负责许可的影响评价机构(IAA)提交快速环境影响评价报告，并征求他们的建议和推荐，该机构是由国家污染控制委员会(SPCB)产生的委员会。另外，影响评价机构将决定快速环境影响评价是否充分满足所提交项目的要求，或者是否需要综合环境影响评估(CEIA)。

综合环境影响评估意味着报告含有季风季节前后的数据，即对拟议的项目活动进行了全面的研究。综合环境影响评价(CEIA)至少需要一年的研究时间。它的目的是评价拟议项目位置周围的环境状态属性(例如空气、水、噪音、土地利用/土地覆盖，以及社会经济、善后与重新安置等因素)，从而根据设定的环境属性确定并量化不同项目运行情况的影响；在环境质量的基础上评价其影响；制定环境管理计划(EMP)，确保采取控制措施降低不利影响(如果存在)，并制定项目后的环境质量监测程序。

9.2 环境影响评估步骤

环境影响评价(EIA)过程包含的不同步骤如图9.1所示。

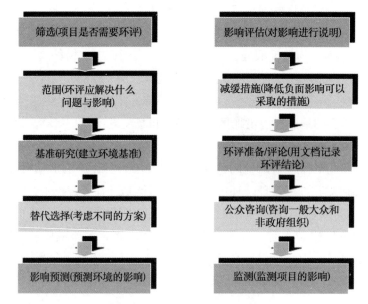

图9.1 环境影响评价(EIA)步骤

9.2.1 筛选

筛选是所有环境影响评价项目的第一步。它给出了项目是否需要考虑进行环境影响评价或免于环境影响评价的信息。筛选的标准是以投资规模、发展类型和发展位置为基础。

9.2.2 环境影响评价范围

环境影响评价范围是决定环境影响评价重点并确定主要影响的首要任务。研究的范围应能解决决策人需要知道答案的所有值得关注的重要问题。可量化的影响应根据其影响程度、影响范围、发生频率和持续时间进行评价。对一个项目及其选择方案(即不同位置、规模、设计等)来说,开展环境影响评价是非常合适的。

9.2.3 基准研究

应根据土地利用、土地覆盖、土地环境、环境空气质量、水环境、生态环境和社会经济要素采集基准数据。基准研究需要收集与评价现有资源信息以及现场数据的采集。现有的信息源(第二手数据)可以源自数据库、报告和当地社区。主要数据来自现场工作,它以监测和调查信息。现场监测和调查信息包括气象参数、环境空气质量、噪音数据、水质(地表水和地下水)、土地环境和社会经济因素。详情参见表9.1。

表9.1 现场监测与调查的特征

特征或参数		采样		测量方法
		监测网络	监测频次	
气象方面	风速、风向、干球温度、湿球温度、相对湿度、降雨量、太阳辐射、云量、环境直减率	在项目可能影响到的区域至少设置一个监测点	1h,不间断	机械式/自动化气象站雨量计,按气象部门的规格要求使用
环境空气质量	悬浮颗粒物(SPM)	至少在上风侧设置两个点,下风侧/影响区域设置多个点	24h,一周2次	大容量采集器
	可吸入悬浮颗粒物(RSPM)		24h,一周2次	
	二氧化硫		8h,一周2次	
	氮氧化物		8h,一周2次	
	一氧化碳		8h,一周2次	
	硫化氢(H_2S)		24h,一周2次	
噪音数据	小时当量噪音水平	确定的研究区域	每个季节一次	仪器:噪声计
		厂内(距离设备1.5m)	一次	
		高速公路	每个季节一次	
水质	pH值、温度、浊度、镁硬度、总碱度、氯化物、硫酸盐、硝酸盐、氟化物、钠、钾、总氮、总磷、溶解氧、生化需氧量、化学需氧量、苯酚、重金属、大肠杆菌群总数、粪大肠杆菌群总数、浮游植物和浮游生物	在季风前及季风后,抽取一组距离10km的地下水和地表水样本	每日并且按季节顺序	根据监管机构的要求和标准方法

续表

特征或参数		采样		测量方法
		监测网络	监测频次	
土壤环境	土壤 颗粒大小分布、质地、pH值、电导率、阳离子交换能力、碱金属、钠吸收比(SAR)、渗透性、持水能力	每个村庄一个地表样本(应根据印度标准局规范采集土壤样本)	按季节顺序	根据土壤分析采集并分析（M.L. Jackson，2005 and soil analysis reference book by C.A. Black，1965）
	土壤使用/土壤覆盖情况 位置代码、项目总面积、地形、排水(自然)、耕种情况、森林、林场、水体、道路、定居点	沿着边界至少设置20个点		全球定位系统、拓补图、卫星图像（1∶25000）和卫星图像（1∶25000）（项目具体规范）

通过设计能产生有关人口状况基准信息的调查问卷，可以产生社会经济数据。

9.2.4 影响的确认、预测与评价

环境影响可分为主要影响和次要影响两大类，它们在施工过程和运行期间进行评价。属于施工期间的各种影响与施工期间的使用情况直接相关，例如有可能产生的人口流入、对公共设施与服务的压力、施工期间水电的使用及其来源；拟议的土方工作，挖泥清淤和钻探作业；拟议的施工材料运输和储存计划；详细的作业日程、资源需求和固废/疏浚弃土的处置。

属于运行期间的各种影响包括：操作运行直接相关的使用情况；原料、燃料和所用的化学品，及其数量、性能以及运输到现场、储存设施的安排等；附流程图的详细生产过程；主要设备与机械清单；内建的污染控制设备及其效率等。

是否使用EMP(环境管理计划)评价拟议项目环境的影响参见表9.2。

表 9.2 是否使用 EMP 的拟议项目环境影响评价[2]

可能受影响的环境构成	因子[1]	场地准备	施工/其他活动	挖掘	钻井/爆破	倾倒(渣土处置)	运输	产生废水	项目完工	对环境构成的整体影响
空气质量	M									
	I									

续表

可能受影响的环境构成	因子[①]	场地准备	施工/其他活动	挖掘	钻井/爆破	倾倒(渣土处置)	运输	产生废水	项目完工	对环境构成的整体影响
噪音与振动	M									
	I									
地表水质量	M									
	I									
地下水质量	M									
	I									
土壤质量/侵蚀	M									
	I									
土地利用模式	M									
	I									
动植物	M									
	I									
外观美学	M									
	I									
人类健康	M									
	I									
社会经济状况	M									
	I									
经济、贸易和商业	M									
	I									
整体活动影响										

① I 指重要；M 指大小。
② 影响规模：1 指极小；2 指可感知；3 指明显；4 指严重；加号(或无符号)指有利的影响；减号指不利的影响；留白指无影响

9.3 环境影响评价方法

环境参数/影响评价完成后(相当于项目规划的可行性阶段)，项目评估可以表示为：

① 用量化形式列出各个重要影响；
② 对比各个重要影响及其相互关系；
③ 推导出有关项目的整体环境完整性以及项目计划的可行性改进结论，从而有助于最小化不利影响和/或用积极的加强措施弥补这些不利影响，或在

可接受的优势/成本比值范围内优化整个项目的概念以及所产生的优势；

④ 提出建议的环境监测计划，该计划将作为项目运营和维护(O&M)的一部分予以制定，还包括任务、所需技能、成本、报告编制和分发程序、各利益机构参与费用分摊的建议，并指定监督协调员。已经开发了许多技术和方法来评估提出的拟议以及正在进行的开发活动对环境的影响。一个常见的误解是在环境影响评价中只使用了一种通用的评估方法。事实是，对于诸如土地清理项目这样的项目，这些项目具有非常广泛的影响，环境影响评估小组可能希望利用若干方法。

环境影响评估分析师，即负责编制环境影响评估报告的人，面临着大量原始的、通常没有组织的数据。因此，每种影响评估的技术和方法都应具有以下质量和特征：应该采取系统的方法；应该能够组织大量的异构数据；应该能够相对准确地量化影响；应该能够汇总这些数据；应该能够将数据聚合成集，并且由于聚合而损失的信息最少；应具有良好的预测能力；应该提取显著的特征；最后，应该能够以有意义的方式显示原始数据和派生的信息。

每种评估开发项目环境影响的方法都有其优缺点，其在特定应用中的效用在很大程度上取决于分析人员的选择和判断。尽管如此，在作出这样的选择时仍然存在一些客观标准，这些标准在下面评估过程所面临的关键领域中进行了阐述。

9.3.1 概述

方法应简单，使背景知识有限的现有人力能够毫不费力地掌握和应用。它应该适合预算有限、时间有限的小团体使用。它应该足够灵活，以允许在整个研究过程中进行修改和改变，尤其是当以后需要更详细的检查时。

9.3.2 识别影响

方法应足够全面，包括所有可能的选择和替代办法，并应提供足够的资料，以便作出适当的决定。它应确定对哪些参数表将产生重大影响。它应要求并建议确定项目影响的方法，以区别于其他原因造成的未来环境变化。它应该能够准确地确定对临时比例尺的影响的位置和程度。

9.3.3 测量影响

方法应该是一套相称的单位，以便在备选方案和标准之间进行比较。建议采用专门的可测量指标来量化对有关环境参数的影响。它应规定测量不同于影响重要性的影响程度。它应该以尽可能客观和明确说明的标准为基础。

9.3.4 解释与评价影响

这种方法应当能够明确地评估在地方、区域和国家范围内衡量的影响的重要性。应说明用来确定影响重大程度的标准和假设。有或没有该项目对环境的影响应该清楚地描绘出来,以便决策者能够很容易地了解该项目所造成影响的确切性质。它应该能够聚合海量的信息和原始输入数据。产生可能影响的不确定性是环境评估中一个非常现实的问题,方法应该能够考虑到这一方面。它应该识别那些发生概率低,但有可能造成损害和损失的影响。它应该使从中得出的结论以提供足够的分析深度。它应充分详细和全面地比较研究中的项目(使我们)容易获得的各种备选方案。它应要求并建议公众参与解释影响及其意义的机制。

9.3.5 沟通影响

该方法应提供一种机制,将影响同具体受影响的地理或社会群体联系起来。它应该提供项目设置的描述,以帮助用户开发一个适当的全面的整体的视角。它应提供以一种格式,总结的影响分析的结果,这种格式将使从普通公众到决策者的用户有充分的细节来了解它并对其评估有信心。它应该提供一种格式来突出分析所确定的关键问题和影响。在选择一种方法时,最重要的因素之一是它是否能符合控制机构所确定的参考时态。

影响评估的方法正逐步从静态的、零碎的方法转变为反映自然和环境动态的方法。因此,趋势不再仅仅是潜在影响的列表,而是更复杂的模式。通过这种模式,方法逻辑可以识别反馈路径、比较明显的、一阶的影响和不确定性更高阶的影响。简而言之,方法逻辑趋势正在接近全面管理的视角。有各种各样的技术和方法来评价发展项目对环境的影响。

发展中国家评价发展活动对环境影响的重要的技术和方法有:特设技术、清单、矩阵、网络、重叠、使用因素分析的环境指数、成本/效益分析和模拟讲习班。为了确定哪种方法最合适,了解它们的缺点是很重要的。Lohani 等人对各种方法的评价见表 9.3。

表 9.3 现行环境影响评价方法评估摘要样表[①]

项目	标准	清单	覆盖网	模型	环境成本指数	收益分析	建模
综合							
沟通度							
适应性							
客观性							

续表

项目	标准	清单	覆盖网	模型	环境成本指数	收益分析	建模
聚合性							
可复制性							
多功能性							
不确定性							
空间层次							
时间层次							
资料要求							
摘要格式							
选择比较							
时间要求							
人力需求							
经济性							

① L 指完全满足或低资源需求；S 指部分满足或适度的资源需求；N 指可忽略的满足，或高资源需求。资料来源：Environmental Impact Assessment：Guidelines for planners and decision makers，UN Publication ST/ESCAP/351，ESCAP，1985。

9.3.6 特设方法

特设方法虽然是一种简单的方法，不需要任何培训就可以执行，但它只是提供了项目对环境的影响的相关信息，没有任何相对的权重或因果关系。它甚至没有说明将受到影响的具体参数的实际影响。

特别方法有以下缺点：它不能保证它包含一套全面的所有相关影响；它在分析上缺乏一致性，因为它可能会选择不同的标准来评估不同的因素；它的效率本来就很低，因为它需要作出相当大的努力来为每一项评价确定和汇编一个适当的小组。

由于上述缺点，不建议将其作为影响分析的方法。顾名思义，它是一种特别的方法，只有当其他方法由于缺乏专门知识、资源等而无法使用时，它才具有实用价值。

9.3.7 清单

一般来说，检查表具有很强的影响识别能力，能够引起大众对影响的注意和认识。影响识别是环境评估最基本的功能，在这方面，所有类型的核对表，包括简单的、描述性的、定标和加权核对表等，都做得很好。但是简单和描述性的清单仅仅提供了这一点，即只是对可能的潜在影响进行了相同的评估，而没有对它们的相对规模进行任何评级。因此，它们最适用于评估的初始环境评价(IEE)阶段。

俄勒冈(Oregon)方法更进一步，通过将影响的文本评级为长期、直接等，提供了影响本质的概念。但是，这种方法不适合测量影响，对决策过程帮助不大。相反，它确定了影响，并将解释权留给决策者。

后一种检查列表中固有的比例和权重元素使其易于进行决策。这种清单除了具有较强的影响识别能力外，还不具备衡量影响的功能，在一定程度上也不具备解释和评价的功能，正是这些方面使其更适合于决策分析。

9.3.7.1 水库工程俄勒冈修改清单样本

考虑到活动、建设、运营以及间接影响，在适当的"是/否"空格中填上"X"，回答以下问题。使用"解释"部分来阐明要点或添加信息(见表9.4)。

表9.4 水库工程俄勒冈修改清单样本

	直接的	间接的	协作的	短期的	长期的	可逆的	不可逆的	严重的	适度的	轻微的
地表水水文	(X)	( )	( )	( )	(X)	( )	(X)	( )	( )	(X)
地表水质量	(X)	( )	( )	( )	(X)	( )	(X)	(X)	( )	( )
土地/侵蚀	(X)	( )	( )	( )	(X)	( )	(X)	( )	( )	( )
地质情况	(X)	( )	( )	( )	(X)	( )	(X)	( )	( )	( )
气候	(X)	( )	( )	( )	(X)	( )	(X)	( )	( )	( )
野生动物栖息地	(X)	( )	( )	( )	(X)	( )	(X)	( )	( )	( )
生态渔业	(X)	( )	( )	( )	(X)	( )	(X)	(X)	(X)	( )

9.3.7.2 自然生物环境

建议的活动是否会影响任何自然特征或水源(见表9.4)。

① (存在)活动区域附近或附近的(自然)资源，是或者不是。如果是，请指定受影响的自然特征。

② 这种活动会影响野生动物或渔业吗，是或者不是。如果是，指明受影响的野生动物或渔业。

③ 这种活动会影响自然植被吗，是或者不是。如果是，指定受影响的植被和地区。

④ 计划中的任何其他发展是否受到或将受到拟议活动的影响，其中包括那些无法控制的发展提交机构，是或者不是。如果是，指明其他受影响的发展。

但是，影响的尺度和权重是主观的，这就造成了社会认为所有不同的影响都同等重要的危险。此外，它还含蓄地假定，分配给影响的数值可以仅根据专家知识和判断推导出来。在更深层次的反思中，这两种假设都是可疑的。

AdamsBurke 和 Odum 的最优路径方法能提供"主观估计"这类主观性的影响，虽然后一种方法在计算指数时引入了一个误差项来解释对相关影响的误判，在一定程度上弥补了后者的不足，但降低了这些方法的实用性和分析的可重复性。这些方法只适用于对备选方案进行逐个比较的情况。

涉及尺度和权重以及由此产生的聚合的方法将决策从决策者手中移除。此外，它们将各种本质上不同的影响合并到一个数字中，这就剥夺了决策者进行权衡的可能性。

发展水资源评估方法（WRAM）是为了克服综合方法的这种限制。它对当地条件和偏好提供了更大的灵活性和适应性，并使决策者能够在决策过程中适当地作出权衡。

但是，与其他基于检查表的方法一样，WRAM 没有传达影响的动态特性，也没有向其受众提供关于高阶影响和影响之间的交互的有意义的信息。

9.3.8 矩阵

矩阵提供了各种项目活动及其对许多环境重要部门或组成部分之间的影响及因果关系。矩阵提供了一种图形工具，以一种易于理解的方式向受众显示影响。简单矩阵虽然能够识别一阶效应，但不能在影响之间显示出更高的交互效应。简单的交互矩阵在很大程度上克服了这一限制。但是这样的矩阵一般只对描述生态相互作用有用，而且是为了记录。虽然确定了相互作用的规模，但项目的个别行动与其对环境组成部分的影响并不相关。

分级矩阵和定量矩阵提供了简单交互矩阵所缺乏的评级和权重元素，并通过对它们的利用提供决策分析的标准。然而，对这种加权矩阵最严重的批评，这也可以扩展到缩放和加权检查表，是通过固有的聚合过程，决策实际上已从决策者和有关公众手中取消。大量对决策有价值的信息在转换成数字的过程中丢失了。

关于这方面资料的损失，说明如下：

权重分配给环境组成部分，因此也分配给影响，但不能保证这些权重和评级将代表实际的影响，这些影响将在项目实施和运作后显现出来。

通常所说的客观程序，即权重的分配和随后的量化，实际上是基于"专家"的价值判断，对"环境质量"量表的任意分配。

通过适当的转换函数将数值影响聚合在一起，导致固有的不同项目组成一个索引或数字，并导致丢失关于众多项目操作的各种影响的信息，从而排除了决策者进行权衡的可能性。

矩阵在识别影响方面很强大，而且与检查列表不同，它还可以表示高阶效果和交互。由于还可以确定影响的动态性质,因此它们还可以提供影响测量、解释和评价的功能,并能以容易理解的格式将结果传达给听众。但是,它们不能以单一的格式比较备选方案,需要对提出的不同备选方案分别评估。

9.3.9 网络

网络能够确定直接和间接影响、高阶影响和影响之间的相互作用,因此能够确定何时将管理措施纳入项目的规划时机。它们适用于表达生态影响,但在涉及社会、人类和审美等方面的考量时,效用较低。这是因为影响的权重和评级不是网络分析的特征。网络一般只考虑对环境的不利影响,因此就一个发展项目对一个区域的成本和效益作出的决定不适于进行网络分析。有关时间方面的考虑没有得到适当的加权,短期和长期的影响也没有区分到易于理解的程度。

虽然网络可以在其格式中包含多个替代方案,但是当考虑大型区域计划时,显示内容会看起来变得非常大,因此显得非常笨拙。此外,网络虽然能够提供科学的和现实的信息,但没有为公众参与提供途径。

9.3.10 覆盖

在解决选址和路线选择问题时,覆盖是有用的。它们为听众提供了一种合适而有效的表达和展示方式。但叠加分析不能成为环境影响评价的唯一标准。

覆盖分析没有就影响的量化和量度或涵盖所有影响作出规定。覆盖分析中的考虑因素纯粹是空间上的,而时间上的考虑超出了覆盖分析的范围。社会、人类和经济方面没有给予任何考虑。此外,无法确定高阶影响。

覆盖层对于土地覆盖(LC)项目环境影响评估(EIAs)非常有用,可以比较土地能力、现有和预计的土地用途、道路路线替代方案和其他类似参数。

9.3.11 环境指标采用因子分析

基于因子分析的环境指数方法是一种评估影响的有用技术,因为它可以对性质复杂的参数表和组件进行分组和聚类。然而,只有当手头的数据集中存在某种有意义的变化时,因子分析才有用。没有这一点,就只能从一组数据中得出一个因素,而因素分析工作就失去了它的意义和潜力。

因子分析确定将受到某些项目活动不利影响的组件,并可以提供一定程度的影响度量能力。但是,因素分析需要分析人员对结果作出适当的解释和评价,才能发挥作用。因素分析的结果本身不适于解释。

基于因子分析的指标为决策分析提供了依据。它可以考虑所有类型的影响对所有类型的成分。因子分析的一个特点是，它给出了由因子解释的相对变异性。这在确定对一个组成部分的影响的大小和规模的相对程度时是有用的。但是，针对前面提到的聚合方法的批评在这个例子中也是正确的。

9.3.12 成本/收益分析

成本/收益分析以货币的形式提供了从项目中可获得的费用和收益的性质，这在传统的性能分析研究中是常见的做法，因此能够很容易地理解和帮助决策者作出决策。

在使用这项技术时遇到的困难是，必须以明确的货币条件来改变和说明影响。这并不总是可能的，特别是对一些无形的东西，如霍乱的出现对健康造成的损害的金钱价值等等。

评估自然系统的这一类别的成本/效益分析不仅涉及对环境质量的影响，而且还寻求在一个区域内可持续地利用自然资源的条件。这种方法不适用于小型发展项目，但更适合于分析和评价区域发展计划。

9.3.13 仿真建模工作坊

系统分析人员开发了一种环境影响评估和管理方法，通常称为自适应环境评估和管理（AEAM），它结合了各种模拟模型来预测影响。该方法拓宽了仿真模型对评价方案影响的潜力，有利于项目规划。湄公河下游流域调查协调临时委员会秘书处曾利用该报告拟订和测试其热带流域发展环境影响评价准则。

AEAM 方法使用小型跨学科团队在相对较短的时间内通过建模研讨会进行交互，以预测影响并评估包括管理措施在内的备选方案。自适应评估过程可分为三类工作坊：最初的车间、二期厂房、转移研讨会。

AEAM 技术在很大程度上克服了大多数其他方法的缺点，即其他方法假定在单一时间框架内对统计描述的环境条件具有不变的条件或项目影响。它还克服了对项目行动、环境特征和可能的影响之间关系的分割和碎片化的固有偏见，而现实可能是：实际影响可能改变环境和社会系统内变化的规模和方向。AEAM 技术能够根据这些变化的现实情况对发展项目进行评估。

AEAM 技术可以处理高阶冲击和冲击之间的相互作用。但它依赖于一小群专家，没有公众参与的途径。这对于大规模发展具有特殊的意义，因为利益集团的意见很重要。

9.4 环境管理计划

环境管理计划（EMP）描述了管理系统、监测机制和审计安排，以确保适当简化商定的缓解措施，并核实预测的环境影响。环境保护计划的目的是利用现有的和负担得起的技术，在排放污染前进行处理，以及考虑在建议的地点内装设污染消减设施，以保护生态系统，在源头的位置尽量控制污染。

9.4.1 绿地发展

绿带开发已被推荐为环境管理计划的主要组成部分之一，它将通过减少无组织排放、降低噪声水平、废水回用、生态系统发展来改善周边地区的生态环境和质量。

9.4.2 实施 EMP 的财务计划

应制订一项财务计划，其中应包括未来 5 年内每年为执行环境保护计划而需要的开支。环境保护计划的财务计划内估计的开支，必须包括在项目的详细可行性/项目报告内。

9.5 公众咨询和评估

在完成环境影响评价报告后，建议的发展项目必须通知市民及咨询他们的意见。受影响人士可包括当地居民、当地协会、位于工程地点/流离失所地点的任何其他人士等。他们将有机会向 SPCB 提出口头/书面建议。

公众咨询是指确定本地受影响人士及其他与工程或活动的环境影响有合理利害关系人士的关注。考虑到所有项目或活动设计中的材料问题，所有类别 A 和类别 B1 项目或活动进行公众咨询，除非给出了现代化项目，所有项目或活动位于工业区和公园，扩张的道路和高速公路，所有建筑/工程/区域开发项目和乡、所有类别 B2 项目和活动，涉及国防安全或者中央决定的其他战略决策的项目、活动。

公众咨询通常包括两个部分：在工地或邻近地区举行公众聆讯，以确定受影响人士的关注事项；取得与项目或活动的环境方面有合理利害关系的其他有关人士的书面答复。该项程序须由有关的 SPCB 或联合区域污染管制委员会（UTPCC）以指明的方式进行，并须在 45 天内（由申请人的要求起计 45 天内）将程序转交有关的规管当局。

公众咨询完成后，申请人须处理在咨询过程中所表达的所有重大环境问题，并对环境影响评价草案及环境影响评估计划作出适当修改。最终的环境影响评价报告须由申请人提交有关的规管当局评审。申请人亦可就公众咨询期间所表达的关注事项，向环境影响评价及环境影响评估草拟本提交补充报告。

评估是指由专家评审委员会或者国家一级专家评审委员会对申请人提交的

环境影响评价报告等文件进行详细审查，包括环境影响评价的最终报告、公众咨询的结果(包括公开听证程序)等文件，由申请人向有关监管部门申请批准环境清理。本鉴定由专家鉴定委员会或者有关国家一级专家鉴定委员会在审理过程中以透明的方式进行，并邀请申请人本人或者授权代表作出必要的说明。评估委员会应向有关的规管当局提出明确的建议，或按规定的条件批准预先环境清拆，或拒绝预先环境清拆的申请，并说明理由。

环境许可的有效性是一个最大的 30 年采矿项目，河谷项目为 10 年，所有其他项目为 5 年。地区发展计划的限期至发展商负责为止，并可在有效期内再延长至 5 年(见表 9.5)。

表 9.5　须预先进行环境清理的工程或活动一览表

	项目或活动		有阈限的类别		条件
			A		B
	(1)	(2)	(3)	(4)	(5)
1. 采矿、开采自然资源和发电(适用于指定的生产能力)	1(a)	开采矿产资源	矿业租赁面积≥50hm²。石棉开采不分矿区	<50hm² 且 ≥5hm² 的采矿许可证	一般条件适用。注：如租界已预先获得实地勘测许可，可豁免进行矿产勘探(不包括钻探)
	1(b)	海上和陆上石油天然气勘探，开发和生产	所有项目		注：如租界已预先获得实地勘测许可，可豁免进行矿产勘探(不包括钻探)
	1(c)	河谷项目	① ≥50MW 水力发电；② ≥10000hm² 可耕种的区域	① <50MW 且 ≥25MW 的水力发电；② ≥10000hm² 可耕种的区域	一般条件适用
	1(d)	火力发电厂	① ≥500MW(煤、褐煤、石脑油和天然气)；② ≥50MW(石油焦、柴油和所有其他燃料)	① <500MW(煤、褐煤、石脑油和天然气)；② <50MW 且 ≥5MW(石油焦、柴油和所有其他燃料)	一般条件适用
	1(e)	核电项目及核燃料加工	所有的项目		

续表

(1)	(2)	A (3)	(4)	B (5)
	项目或活动	有阈限的类别		条件
2. 初加工	2(a) 洗煤厂	年产煤≥1Mt	年产煤<1Mt	一般条件适用（如位于矿区范围内，应与开采方案一并评审
	2(b) 选矿	年产矿石≥0.1Mt	年产矿石<0.1Mt	一般条件适用(开矿方案与选矿一并评审，准予放行)
3. 材料生产	3(a) 金属工业(黑色和非金属)	① 初级冶金工业(所有项目)；② 海绵铁日产量≥200t/d；③ 二次冶金加工业，所有有毒、重金属年产量≥20000t/a	① 海绵铁制造，日产量<200t/d；② 所有有毒及重金属生产单位，每年 20000t③ 所有其他无毒二次冶金加工业>5000t/a	海绵铁的制造应符合一般条件
	3(b) 水泥厂	年产能 100 万美元	所有独立研磨装置年产能<1Mt/a	
4. 材料加工	4(a) 石油炼制工业	所有项目		
	4(b) 焦化厂	≥25Mt/a	<25Mt/a 且>2.5Mt/a	
	4(c) 石棉铣削和石棉基产品	所有项目		
	4(d) 氯碱行业	产能≥300t/d 或位于指定工业区/产业范围以外的单位	产能<300t/d 或位于指定工业区/产业范围以外的单位	特殊条件适用。任何以含有汞单元的新工厂将不获批准，而现有转换为膜细胞技术的单位亦不获得豁免
	4(e) 纯碱行业	所有项目		
	4(f) 皮革/皮革加工业	在工业区外新建或者扩建现有工业区以外厂房的	所有位于指定工业区/产业范围内的新项目或扩建项目	特殊条件适用

续表

	项目或活动	有阈限的类别		条件
(1)	(2)	A		B
		(3)	(4)	(5)
5. 生产/制造	5(a) 化学肥料	所有项目		
	5(b) 农药工业及农药专用中间体(不含制剂)	生产技术等级农药的各单位		
	5(c) 制浆造纸工业，不包括从废纸中制取纸张和从未经漂白的现成纸浆中制取纸张	制浆和制浆造纸工业	无浆造纸工业	一般条件适用
	5(d) 制糖工业		>5000t/d 甘蔗破碎能力	一般条件适用
	5(e) 感应/电弧炉/冲天炉 5t/d 或以上		所有项目	一般条件适用
6. 服务行业	6(a) 石油和天然气运输管道(原油和炼油/石化产品)，通过国家公园/保护区/珊瑚礁/包括液化天然气接收站在内的生态敏感区	所有项目		
	6(b) 危险化学品的隔离储存及处理(按1989年修订的《MSIHC Rules》附表2及附表3第3栏所示的规划阈值数量)		所有项目	一般条件适用

续表

(1)	(2)	项目或活动	有阈限的类别 A (3)	(4)	条件 B (5)
7. 包括环境服务在内的实体基础设施	7(a)	机场	所有项目		
	7(b)	所有拆船场，包括拆船单位	所有项目		
	7(c)	工业区/公园/综合设施/地区、出口加工区、经济特区、生物科技园、皮革综合设施	拟建工业区中至少有一个属于A类工业的，不论面积大小，整个工业区均应视为A类工业。工业地产面积超过500hm²及房屋至少一个乙类工业	工业区至少有一个B类工业及面积，< 500hm²的工业区区域。> 500hm²，而不包括任何属于A类或B类的工业	特殊条件适用。注：500hm²以下的工业楼宇，而不包括任何A类或B类工业楼宇，则无须清拆
	7(d)	常见危险废弃物处理、储存及处置设施	所有具有焚化及堆填区或单独焚化的综合设施	所有设施只填土	一般条件适用
8. 建筑/建设项目/区域开发项目及乡镇	8(a)	建筑及建筑工程		建筑面积≥2×10⁴ m² 且 < 15×10⁴m²	有盖建筑物的建筑面积；如设施向天空开放，则为活动区域
	8(b)	乡镇和区域发展项目		占地面积≥50hm²，而建筑面积≥15×10⁴ft²	项目8(b)下的所有项目均应评为第B1类

第 10 章　垃圾填埋气体

10.1　温室气体和气候变化

任何能够吸收和发射红外辐射并导致温室效应的气体都被称为温室气体（GHG）。多年来，快速的城市化和工业活动增加了大气中二氧化量。温室气体辐射力的增加改变了地球(大气对阳光)的反射率，而反射率正是全球气温上升的原因。图 10.1 显示了 2010 年全球不同温室气体的百分比。而二氧化碳占全球温室气体排放的 76%，甲烷和一氧化二氮分别占全球温室气体排放的 16% 和 6%。其他气体主要是氢氟烃、全氟碳和六氟化硫。

尽管甲烷的浓度比二氧化碳低，寿命比二氧化碳短，但它能比二氧化碳更有效地捕获辐射。图 10.2 显示了 2005 年全球不同行业的甲烷排放量。垃圾填埋场的甲烷排放量仅次于能源和农业部门。

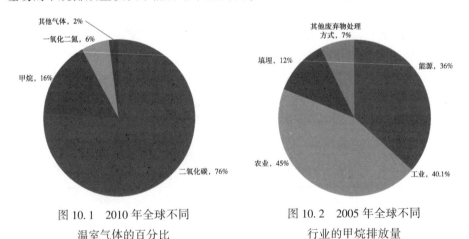

图 10.1　2010 年全球不同温室气体的百分比　　图 10.2　2005 年全球不同行业的甲烷排放量

10.2　产生堆填气体

像在印度这样的发展中国家，在没有任何事先处理的情况下，在空旷地区处理产生的固体废弃物是一种普遍的做法。由于细菌分解、挥发和化学反应，垃圾填埋场释放出气体。其中，细菌的分解导致最大限度地产生垃圾填埋场气体。

根据垃圾的性质和微生物对有机物的作用,产生了填埋气体。垃圾填埋气体产生的主要原因是产甲烷菌的微生物作用。在典型的垃圾填埋场中,由于垃圾的降解,主要的垃圾填埋场气体如甲烷和二氧化碳在处理后几个月就开始形成,并在5~6年内达到最大值。

10.2.1 垃圾填埋场细菌分解阶段

堆填气体是在五个不同的细菌分解顺序阶段产生的(见表10.1)。

表10.1 主要堆填气体的阶段划分

阶段	描述	主要气体
Ⅰ.(初始需氧阶段)	① 这一阶段的持续时间取决于垃圾填埋场中滞留的空气量; ② 好氧细菌分解蛋白质、脂质和复杂碳水化合物的长分子链; ③ 主要副产品:二氧化碳	氮气、氧气和二氧化碳
Ⅱ.(酸性阶段)	① 厌氧细菌消耗第一阶段生成的化合物,形成醇、乙酸、乳酸和甲酸; ② 主要副产品二氧化碳和氢气	二氧化碳、氮气和氢气
Ⅲ.(中性阶段)	① 厌氧细菌消耗第二阶段产生的有机酸形成乙酸盐; ② 垃圾填埋场被转化为中性环境,产甲烷细菌试图通过与产酸细菌建立共生关系来建立自己; ③ 主要副产品:二氧化碳和甲烷	甲烷、二氧化碳和氮气
Ⅳ.(甲烷发酵阶段)	① 这些产甲烷细菌继续将乙酸和氢气转化为甲烷和二氧化碳; ② 产酸速率降低,产甲烷作用更加明显; ③ 主要副产品:甲烷(45%~60%)和二氧化碳(40%~60%)	甲烷、二氧化碳和氮气
Ⅴ.(成熟阶段)	① 环境从主动降解转变为休眠; ② 垃圾填埋气体产量下降; ③ 根据封盖效率的不同,氧气可以重新出现; ④ 主要副产品:甲烷、二氧化碳和腐殖酸	甲烷、二氧化碳、氮气和氧气

10.2.2 影响填埋气体产生的因素

垃圾填埋场气体的组成及其产生速度取决于垃圾的特性和一些环境因素,如填埋场中是否存在氧气和水,温度高低等等。

10.2.2.1 废弃物的组成

垃圾的组成和年龄对填埋气体的产生起着至关重要的作用。垃圾中有机物含量越高,由于生物降解而产生的垃圾填埋气体越多。此外,营养物质的存在(如钠、钾等),这有助于细菌(发酵),也增加了垃圾填埋场气体的生产。与此相反，垃圾中盐的浓度高的话可以抑制甲烷的产生。

10.2.2.2 堆填区是否有氧气

填埋场含氧量越大，好氧菌和Ⅰ期细菌分解的影响越长。如果废弃物压实不当，孔隙中的含氧量就会增加，这也会导致甲烷生成降低。

10.2.2.3 含水率

堆填区所含的水分会促进细菌的活动，并促进营养物质和细菌在整个堆填区内的运输。在人口密集的堆填区，水渗入的速度会降低。更多的水在化学反应中也很有用，化学反应会产生垃圾填埋气体。在典型的垃圾填埋场中，40%的含水率可以产生最大的气体产量。

10.2.2.4 温度

随着温度的升高，由于细菌活性的增加，垃圾填埋气体的产量也随之增加。温度也会增加挥发率和化学活性。温度在浅层堆填区比深层堆填区更为显著。

10.2.2.5 垃圾的使用年限

新掩埋的垃圾比旧的产生更多的气体。废弃物掩埋后的 5~7 年内排放达到峰值。20 年后，几乎所有的天然气体都将被生产出来，但排放将持续到 50 年以后。

10.3 垃圾填埋场甲烷估算的现场和实验室技术

10.3.1 化学计量方法

该方法是估算甲烷排放最简单的理论方法。该方法通过对填埋场废弃物组成的分析，建立了填埋场废弃物的化学配方。假设各组分总转化率为：

$$C_nH_aO_bN_c+[n-(a/4)-(b/2)+3(c/4)]H_2O \rightarrow [(n/2)-(a/8)+(b/4)+(c/8)]CO_2+cNH_3+[(n/2)+(a/8)-(b/4)-(c/8)]CH_4$$

10.3.2 通量室法

磁通室技术是一种应用广泛、简单、经济的测量辐射源排放的方法。这种方法使用一个带有开口的密闭室，用于在气体离开填埋场表面时将其捕获。首先在取样之前，挖开表层，然后将气室固定在那一点上。

磁通室法有静态密闭室法和动态密闭室法两种。在静室法中，静室固定在研究位置上，允许气体在静室内排放一段合理的时间。气体样品以相等的间隔从实验室中取出，保存在一个玻璃小瓶中，在实验室中进行分析。必须十分小心，除土壤表面散发的气体外，不得将气体移出或进入室内。甲烷通量是通过测量浓度随采样时间的变化来计算的。

然而，在动态密闭室法中，允许空气在整个采样时间内流过该密闭室。通过测量废气中的甲烷浓度和空气流量计算流量。总体来说，在两种方法中，采样区域在采样周期内进行的腔室试验的数量决定了估计的准确性。

10.3.3 示踪气对比法

这种方法是一种高效而简单的技术，可用于测量大面积污染源(如农田、污水处理厂和垃圾填埋场)的排放率。该方法利用示踪气体和快速响应光谱仪对垃圾填埋场的甲烷进行了测量。纯乙炔或一氧化二氮是该技术中常用的示踪气体。

示踪气相关法(TGCM)采用示踪气相关测量的两种方法，移动法和固定法。在这两种情况下，利用质量流量控制系统，从填埋场表面释放示踪剂气体，并利用光学遥感技术，测量甲烷和示踪剂气体的浓度。在移动方法中，随着气体样本采集的布置，将腔体衰荡激光器固定在车辆上。此外，还集成了全球定位系统和小型气象站，以记录对精确位置和气象数据的研究。从垃圾填埋场的不同部位释放出已知排放率的示踪气体，以测量填埋气体的排放率。

在平稳方法中，在微风的下风位置设置长路径傅里叶变换红外光谱(FTIR)复制，并以已知的发射速率发射示踪剂气体。利用已知示踪气体流量，计算出垃圾填埋场甲烷排放速率。计算了垃圾填埋场的总甲烷排放率为示踪气体排放率与实测示踪气体浓度与烟羽背景上方甲烷浓度比值的乘积。

同样，在流动方法中，利用控制示踪气体排放和气象数据在不同地点同时进行测量，可以估计空间上不均匀的堆填区的甲烷排放率。

10.3.4 微气象方法

该方法用于测量垃圾填埋场的甲烷排放量相对经济。它是一种广泛使用的方法来测量大的平坦地形地区的排放量，假设在表面上的排放量是均匀的。测量甲烷排放的微气象方法是基于对内部边界层垂直方向湍流涡电流的评估。

微气象方法包括通量梯度法、涡旋方差法、综合水平通量法和边界层预算法。所有这些技术都是可行的测量连续发射数据没有任何拦截。通量梯度和涡变技术是测量边界层内湍流通量最常用的微气象技术。这些技术包括仪器设备，主要是超声多普勒风速计，用来分析气团的特性(压力、温度、湿度、风速)和首选气体的浓度。

10.3.5 差分吸收激光雷达

差示吸收技术是检测和测量垃圾填埋场大气甲烷浓度的一项重要技术。除了甲烷，差示吸收激光雷达(DIAL)方法经常被用来测量周围的气体浓度，如臭氧、水汽、二氧化氮、一氧化碳、二氧化硫和颗粒物。如果样品体积较小，且不能受封闭外壳的限制，则广泛采用刻度盘技术。除了垃圾填埋场的羽毛状物外，激光雷达技术还被用来测量来自点源(如工业设施)和区域源(如农业设施)的物种浓度。这项技术使用激光来测量研究区域的污染物浓度。根据被测目标成分，选择具有合适特性的激光器。所使用的激光器的波长从紫外到红外不等。在这种方法中，激光束被发射到大气中，一小部分脉冲被反向散射到探测器上。脉冲到达检测器所花费的时间用于确定所测甲烷浓度的位置。利用激光束的多条视线数据可以生成二维浓度图。除风速外，还利用垂直扫描垃圾填埋场羽毛状物来估计甲烷通量。

10.3.6 垂直径向羽流作图方法

这种方法是由美国环境保护署(EPA)开发的，用于估计垃圾填埋场等区域难以捕捉到的气体排放。该方法采用光学遥感技术，采用开路可调谐二极管激光器或采用开路傅里叶变换红外光谱(FTIR)来估计垃圾填埋场表面的甲烷流率。光学遥感系统在研究地点发射辐射，探测器接收反射光来测量甲烷浓度。除了沿路径的浓度，该系统还收集气象数据。计算了不同路径不同高度下的路径积分浓度。该方法由一种利用测量浓度、风速和风向计算甲烷在平面上通量的算法组成。

10.4 用于估计垃圾填埋场甲烷排放的模型

各国用于估算垃圾填埋场甲烷排放的经验模型根据甲烷生成速率大致可分为两类。

10.4.1 零阶模型

在这些模型中，垃圾掩埋场的甲烷排放速率被认为是恒定的。

10.4.1.1 欧洲污染物排放登记机构：德国

这个模型只考虑了未经处理的生活垃圾。一年甲烷生成的数量(α_t)可以用下面的公式计算：

$$\alpha_t = 0.665sRAB$$

式中：ς 为异化因素，即可生物降解碳的转化分数；A 为垃圾填埋场中的垃圾量，t/a；B 为废弃物中可生物降解的碳的比例；R 为收集或回收的甲烷修正系数，具有积极的填埋气回收和覆盖为0.1，主动除油为0.4，无恢复为0.9。

10.4.1.2 政府间气候变化专门委员会模式

这个模型估计产生的废弃物量，其组成不会随着时间的推移而改变。该模型是根据一个地区所有家庭产生的废弃物的质量平衡而建立的。

$$\alpha_t = 0.66 W_t W_f FB\varsigma R(1-O_x)$$

式中：W_t 为市政固废总量，t/a；W_f 为运往填埋场的市政固废占市政固废总量的分数；F 为甲烷校正因子；O_x 为氧化因子。

10.4.2 一阶模型

在这些模型中，固体废弃物中的有机物的衰变被认为是遵循一级规律的。世界上大多数常用的模型都是一级的。以下是一些著名的一阶衰变模型。

10.4.2.1 三角形法

在缺乏关于废弃物数量、组成和处理方法的历史数据的情况下，可以使用三角法来估计垃圾填埋场的甲烷排放量。三角法的结果是基于废弃物沉积变化和分解类型的甲烷排放，即有氧或无氧。其中，总产气量是根据废弃物的有机部分来计算的，沼气的释放是基于一级衰变的。

该方法假设甲烷产量随时间呈线性增长，直到达到峰值后呈线性下降。换句话说，在这种方法中，假设废弃物降解过程发生在两个阶段。第一阶段，在沉积一年后开始降解，并逐渐增加，直至达到峰值；第二阶段开始时，填埋气体的生成率开始下降，直到为零。因此，三角形的面积等于在一段时间内释放出的气体与沉积的废弃物的量相等。

10.4.2.2 荷兰单相模型

该模型假设堆填区弃置的废弃物量随时间呈指数级分解。存在于废弃物中的有机物被认为随时间呈指数衰减。本模型中甲烷排放量的量化采用以下公式：

$$\alpha_t = 1.87\varsigma AC_o k e^{-kt}$$

式中：α_t 为特定时间内垃圾填埋气形成量，m³/a；A 为垃圾的堆放量，t；C_o 垃圾中的有机碳含量，kg C/t 废弃物；k 降解常数；废弃物存放时间，年。

10.4.2.3 荷兰多相模型

在多相模型中，当不同种类的废弃物以不同的速率降解时，必须考虑废弃物的组成。该模型考虑八类废弃物，即受污染的土壤、建筑及拆卸工程、碎纸机废弃物、街道洁净废弃物、污泥及堆肥、粗制家居废弃物、商业废弃物及家居废弃物。根据废弃物中快速、现代和缓慢可降解的部分，对废弃物中总有机含量进行分类。利用下列公式计算甲烷产量：

$$\alpha_t = \zeta \sum_{i=1}^{3} 1.87 A_i C_i k_i e^{-k_i t}$$

10.4.2.4 欧洲污染物排放登记机构：法国模式

在这个模型中，使用了两种方法来量化垃圾填埋场的甲烷排放量。在第一种方法中，利用以下公式估算具有垃圾填埋场气体回收系统的垃圾填埋场单元的甲烷排放量：

$$\alpha_t = (E \cdot H \cdot M_f)/R$$

式中：E 是 LFG 提取率，m^3 LFG/h；H 是压缩机的每年运行小时数，h/a；M_f 是 LFG 中甲烷的分数，$(m^3 CH_4)/(m^3 LFG)$。

第二种方法是利用不同产甲烷潜力的废弃物类别"x"，利用多相方程计算年甲烷产量：

$$\alpha_t = \sum_x FE_x \times (\sum_{i=1}^{3} k_i \times p_i \times k_i e^{-k_i t})$$

式中：FE_x 为甲烷生成潜力，$(m^3 CH_4)/(t$ 废弃物$)$；p_i 为快速、中度和缓慢降解废弃物的分数，kg/kg 废弃物；k_i 为每年的降解率；t 是废弃物的年龄。

10.4.2.5 美国 LandGEM 模型

LandGEM 是美国环保署基于一阶分解速率方程开发的一个模型，用于测量垃圾填埋场的垃圾气体排放。它使用《清洁空气法》和美国环保署的空气污染物排放系数（AP-42）给出的默认参数，在缺乏特定地点数据的情况下估算排放率。模型的主要输入参数为产甲烷量常数（k）、潜在产甲烷量（L_0）、年废弃物处理率（M_i）。除了这些模型参数外，LandGEM 还使用了一些输入参数，如垃圾填埋场特性（垃圾填埋场开放年份、关闭年份和废弃物设计容量）、废弃物接受率以及气体或空气污染物的选择。LandGEM 使用如下所示的一阶衰减方程来估计垃圾填埋场的垃圾气体排放：

$$\alpha_t = \sum_{i=1}^{n} \sum_{j=0.1}^{1} kL(A_i/10) e^{-k t_{ij}}$$

式中：n 为"计算的年份-废弃物接收的初始年份"；j 为 0.1 年的增量；k 为甲烷产生率；L 为潜在的甲烷生成量，m^3/t；A_i 为第 i 年接受的废弃物质量，t；t_{ij} 为第 i 年接受的废弃物质量 A_i 第 j 部分的年龄。

参 考 文 献

[1] Rao MN, Suresh EMS, Natesan U. Assessing site suitability conditions for waste disposal facilities using GIS for Chennai City. 14th International conference on solid waste management. In: Proceedings; 1998.

[2] Rao MN, et al. Vermicomposting-a technological option for solid waste management. J Solid Waste Technol Manage 1997; 24(2): 89-93.

[3] Rao MN. An ecologically balanced system for urban waste disposal. J Conserv Recy 1984; 7(2): 157.

[4] Sundaresan BB, Subramanyam PVR, Bride AD. An overview of toxic and hazardous waste inindia. Industry and environment special issue no. 4; 1983.

[5] Comprehensive Industry Document: Chlor-Alkali Industry (Comprehensive Industry Document series (Abridged): COINDS/5/1981 82 A publication from Central Board for prevention and Control of Water Pollution. New Delhi.

[6] Mantell CL. Solid wastes origin, collection, processing and disposal, 701. New York, NY: John Wiley & Sons; 1975. p. 353-64, 763.

[7] Mercer WA. Industrial solid waste the problems of food industry. In: Proceedings national conference, of solid waste research, american public works association research foundation. Chicago, USA. p. 51-4.

[8] Bhide AD, et al. Composing of cotton dust from textile mills. Indian J Environ Hlth 1971; 13: 261-75.

[9] Mc Elory CT. Emplacement disposal and utilization of colliery wastes. In: Proceedings 'waste management, control, recovery and reuse' 1974, Australian waste conference held at Niv. of New South Wales; 1975. p. 17178.

[10] American Petroleum Institute. Manual of disposal of refinery wastes. IV Solid. 1sted. New York, NY; 1963.

[11] Singh N, Srivastava KN, Krishnan RM, Nijhavawan BR. Scope for utilization of slag and related waste from Indian iron and steel plants. In: Proceedings sump. On 'utilization of metallurgical wastes', MNL, Jamshedpur; 1954. p. 192-210.

[12] Cement Research Institute of India Utilization of Fly ash a Cement Research Institute of India 'utilization of fly ash a technical appraisal'; 1971.

[13] Ratter BG. Waste Management in Pb Zinc industry. Proceedings waste management, control, recovery and reuse, Fachlehragang fur mull Abfallibeseitingan der University, Stuttgart; 1974. p. 30.

[14] Sankarana C, Bhatnagar PP. Utilization of red mud, In: Proceedings symp. on 'utilization of metallurgical wastes', NML, Jamshedpur; 1954. p. 224-48.

[15] Sen MC, Banerjee T. Production of secondary Al-a review. In: Proceedings symp. on 'utilization of metallurgical wastes', NML, Jamshedpur; 1954. p. 249-54.

[16] LaGrega MD, Buckingham PL, Evans JC. Hazardous Waste Management. New York, USA: McGraw Hill; 1994.

[17] Wise DL, Trantolo DJ, Cichon EJ, Inyang HL, Stottmeister U, editors. RemediationEngineering of contaminated soils. CRC Press; 2000.

[18] Sultana R. E-waste: EPTRI,, http://whoindia.org/LinkFiles/Chemical_ Safety_ Report _ on_ Inventorization_ of_ e-waste_ in_ two_ cities_ in_ andhra_ pradesh_ and_ karnataka_ .pdf..

[19] Sultana R., EPTRI, Bio-Medical Waste Management (BMW) for Doctors,, http://www.whoindia.org/LinkFiles/Chemical_ Safety_ Bio-medical_ waste_ management_ self _ Learning_ document_ for_ Doctors, _ superintendents_ and_ Administrators.pdf..

[20] Sultana R. EPTRI, bio-medical waste management (BMW) for urses,, http://www.whoindia.org/LinkFiles/Chemical_ Safety_ Bio-_ medical_ waste_ management_ self_ learning_ document_ for_ Nurses_ and_ Paramedica.pdf..

[21] Sultana R., EPTRI, bio-medical waste management (BMW) for dayas & aayas, http://whoindia.org/LinkFiles/Chemical_ Safety_ Bio-_ medical_ waste_ management_ %E2% 80%93_ self_ Learning_ document_ for_ Dayas, _ aayas_ and_ class_ iv_ employees_ 2009_ .pdf..

[22] http://www.c-f-c.com/supportdocs/cfcs.htm.

[23] http://www.intox.org/databank/documents/chemical/chromium/ehc61.htm.

[24] http://www.deh.gov.au/industry/chemicals/dioxins/pubs/incinfinal.pdf.

[25] http://www.hc-sc.gc.ca/english/iyh/environment/lead.html

[26] http://www.intox.org/databank/documents/chemical/lead/ukpid25.htm.

[27] http://www.intox.org/databank/documents/chemical/mercury/cie322.htm.

[28] http://www.atsdr.cdc.gov/toxfaq.html.

[29] IPCC. Climate change 2014: mitigation of climate change. Contribution of working group III to the fifth assessment report of the intergovernmental panel on climate change. IPCC. New York, USA; 2014.

[30] Kamalan H, Sabour M, Shariatmadari N. A review on available landfill gas models. J Environ Sci Technol 2011; 4: 79-92.

[31] Karanjekar RV, Bhatt A, Altouqui S, Jangikhatoonabad N, Durai V, Sattler ML, et al. Estimating methane emissions from landfills based on rainfall, ambient temperature, and waste composition: the CLEEN model. Waste Manage 2015; 46: 38998.

[32] Scharff H, Jacobs J. Applying guidance for methane emission estimation for landfills. Waste Manage 2006; 26: 417-29.

[33] USEPA. Summary report: global anthropogenic non-CO_2 greenhouse gas emissions: 19902030. Office of atmospheric programs, climate change division, USEPA. Washington, DC; 2012.

[34] Jackson ML. Soil Chemical Analysis. Parallel Press; 2005. p. 1-930.

[35] Black CA. Methods of Soil Analysis, Part 2. Madison, USA: American Society of Agronomy, Inc. Publisher; 1965 (Reference Book)

[36] Chilton T, Burnley S, Nesaratnam S. A life cycle assessment of the closed loop recycling and thermal recovery of post consumer PET. Res Conserv Recy 2010; 54 (12): 124-9.

[37] Ritter U, et al. Radiation modification of polyvinyl chloride nanocomposites with multi-walled carbon nano tubes. MATERIALWORSENSCHAFT UND WERKSTOFFTECHNIK 2010; 41(8): 675-81.